EHS란 Environment, health and safety로 환경보건안전 직무입니다.

로고의 그림은 출판업을 의미함과 동시에 책을 통해 저자의 획기적인 공부법을 구매자와 공유하고자 하는 의미입니다.

CONTENTS

목차

00. (필독!) 작가 자기소개 및 8일 공부법 및 이 책의 특징
    및 수질환경기사 기본정보 ·············· 5p

01. 2006~2024년 필답 계산형
    기출 중복문제 소거 정리 ·············· 13p

02. 2006~2024년 필답 서술형
    기출 중복문제 소거 정리 ·············· 111p

03. 2022년
    필답형 기출문제 ·············· 159p

04. 2023년
    필답형 기출문제 ·············· 187p

05. 2024년
    필답형 기출문제 ·············· 215p

06. 미출시 필답형 문제
    신출 대비 ·············· 239p

국가기술자격증 공부의 판도를 바꾸다
- EHS MASTER -

INFORMATION
정보

(필독!) 작가 자기소개 및 8일 공부법 및
이 책의 특징 및 수질환경기사 기본정보

잠깐! 더 효율적인 공부를 위한 링크들을 적극 이용하세요~!

직8딴 홈페이지
- 출시한 책 확인 및 구매

직8딴 카카오오픈톡방
- 실시간 저자의 질문 답변
  (주7일 아침 11시~새벽 2시까지, 전화로도 함)
- 직8딴 구매자전용 복지와 혜택 획득
  (최소 달에 40만원씩 기프티콘 지급)
- 구매자들과의 소통 및 EHS 관련 정보 습득

직8딴 네이버카페
- 실시간으로 최신화되는 정오표 확인
  (정오표: 책 출시 이후 발견된 오타/오류를 모아놓은 표, 매우 중요)
- 공부에 도움되는 컬러버전 그림 및 사진 습득
- 직8딴 구매자전용 복지와 혜택 획득

직8딴 유튜브
- 저자 직접 강의 시청 가능
- 공부 팁 및 암기법 획득
- 국가기술자격증 관련 정보 획득

1 작가 자기소개

대기업에서 EHS(Environment, health and safety, 환경보건안전)관리를 해 오신 아버지 밑에 자라 자연스레 EHS에 대해 관심을 가지게 되었습니다.
그로 인해 수도권 4년제 환경에너지공학과를 나왔고, 최근 대기업에서 EHS관리를 직무로 근무했습니다.
저에겐 버킷리스트가 있습니다.
바로 EHS 관련 자격증을 전부 취득하는 것입니다.
2025년 1월 기준 29살에 12개의 EHS 자격증이 있으며 앞으로도 계속 취득할 것입니다.
여담으로 군대에서 기사 4개를 획득해 신문에도 나왔습니다.
기사 공부를 하다 문득 이런 생각이 들었습니다.
'내가 자격증을 적은 공부 시간으로 획득하는데 미래 EHS 관리인들에게 도움을 주는 방법이 있을까?'라는 생각이죠.
그로 인해 이렇게 저의 공부법과 요약법이 담긴 책을 만들기로 하였습니다.
보통 기사 하나를 취득하기 위해선 1~3달 걸린다고 하지만, 저는 필기 7일/실기 8일이면 충분합니다.
허나, 사람들에게 기사 공부하는데 8일 정도밖에 안 걸린다하니 아무도 믿지를 않습니다.
미래 EHS 관리인분들이 제 책으로 8일 만에 취득할 수 있다는 것을 보여주세요.

작가 SPEC

수도권 4년제 환경에너지공학과 졸업 (2014-2020)
군 복무 (2016~2018)
수질환경기사 취득 (2017.08)
산업안전기사 취득 (2017.11)
대기환경기사 취득 (2018.05)
신재생에너지발전설비기사(태양광) 취득 (2018.08)
소방설비기사(기계분야) 취득 (2021.08)
산업위생관리기사 취득 (2021.11)
폐기물처리기사 취득 (2021.12)
위험물산업기사 취득 (2021.12)
건설안전기사 취득 (2022.06)
대기업 근무(EHS 직무) (2021-2022)
환경보건안전 자격증 서적 전문 출판사(EHS MASTER) 창립 (2022.09)
환경기능사 취득 (2022.09)
소방안전관리사 1급 취득 (2023.03)
인간공학기사 취득 (2023.06)
토양환경기사 취득 (2023.09)
기사 취득 현재 진행 중 (2024.12~)

2 8일(실공부 60시간) 공부법

실기

1. 직8딴 실기 책을 산다.
2. 2024 실기 기출문제를 풀어본다.(단, 2024년 3회차는 풀지 않는다.) **(약 2시간)**
3. 자신의 밑바닥 점수를 알았으니 기출 중복문제 소거 정리 파트를 2회 푼다.
   오픈 카카오톡을 적극 활용하여 저자에게 질문을 많이 한다. 저자를 괴롭히자!
   모든 문제와 계산공식은 암기한다. **(약 57시간)**
4. 시험 당일 일찍 기상하여 예상점수 파악 목적으로 2024년 3회차를 풀어본다.
   불합격 점수가 나와도 좌절하지 않는다. **(약 0.5시간)**
5. 자신감 상승 목적으로 가장 점수가 잘 나온 회차를 푼다.
   시험은 **자신감**이 중요하다. **(약 0.5시간)**
6. 시험 현장에서는 자신이 따로 적은 취약한 문제나 계산공식을 훑어본다.

※ 시험장 관련 팁!

1. 09시 입실이라면 20분 정도 신원확인 및 주의사항 전파를 한다.
   즉, 진짜 시험 시작시간은 09시 20분이다. 그 사이 화장실 다녀오라고 한다.
2. 차를 타고 오는 응시자라면 최소 70분 일찍 도착한다.
   응시 경험상 60분 전부터 차들이 우루루 오거나 꽉 찬다.
3. 시험장 건물 오픈은 보통 1시간 전부터이며 PBT 경우는 바로 시험교실로 간다.
   CBT 경우는 대기실로 안내를 하고, 추후 시험교실로 안내를 한다.

※ 시험 응시 때 관련 팁!

0. 신분증/샤프/지우개/검은 펜/수험표(들고가는게 편함)을 준비하고 시험장으로 간다.
1. 일단 암기한 것들이 사라지면 안되니까 샤프로 휘갈기며 최대한 빨리 푼다.
2. 답을 못 적는 문제는 넘어간다.
3. 시험 문제를 다 풀었으면 다시 처음부터 재검토해본다. 계산이 맞는지, 답이 맞는지…
4. 이때 다 풀었다는 안도감에 못 적은 답들이 생각이 날 것이다.
5. 편안한 마음으로 샤프 자국을 매우 깨끗이 지우고 그 위에 검은 펜을 이용하여 정답을 작성한다.
6. 지워지는 펜, 기화펜 절대 금지하며 오타작성시 단순하게 두 줄 그으면 된다.

3 이 책의 특징

1. 기출문제 중복문제 소거

기출문제는 이미 다른 자격증 책에서도 볼 수 있습니다.
하지만 기출 중복문제를 소거해 요약한 책은 정말 없습니다.
국가기술자격증은 문제은행 방식이라 80%가 이미 나왔던 문제로 구성되어 있습니다.
수질환경기사 실기 경우 필답형은 약 820문제를 300문제로 정리했습니다.
제 책은 그런 기출문제들을 요약하여 괜한 시간 낭비를 하지 않게 만들었습니다.

2. 답안 글자 수 최소화

아마 많은 이들이 법령 토씨 하나 틀리지 않고 적어야 정답처리 된다고 합니다. 그런 분들 볼 때마다 참으로 안타깝습니다... 그건 자격증을 잘 모르는 사람들이죠… 만약 문제가 '진돌이는 오늘 저녁 식사로 소고기 5인분을 진순이네 집에서 구워먹었다. 오늘 진돌이는 무엇을 했는지 쓰시오'라는 문제라면 '진돌이는 오늘 저녁 식사로 소고기 5인분을 진순이네 집에서 구워먹었다.'라고 쓰면 매우 완벽합니다. 허나 우리는 문제가 원하는 것만 써주면 됩니다. 즉, '소고기를 먹었다.'라고 써도 된다는 거죠. 다들 이걸 몰라요… 결론적으로 키워드와 의미전달에만 신경쓰면 됩니다. 8일 공부 후, 이렇게 답안 작성해서 딴 자격증이 12개인데 어떤 증빙을 더 해야 될까요?
제가 경험자이자 제가 증인입니다. 제 답안에 의심되시거나 불안함을 느끼시면 다른 출판사 책을 사십시오. 부탁입니다. 책과 구매자간의 신뢰가 가장 중요하다 생각되네요....이미 합격자도 많고요…

3. 관련 키워드 문제들끼리 정리

예를 들면 1번 문제가 A의 장점이면 2번 문제도 B의 장점에 관한 것으로 만들었습니다. 그렇기에 실제 암기하실 때 혼동이 안 올 것입니다. 보통 다른 책들은 설비별로 또는 공법별로 정리하는데 외울 때 혼동만 오게 됩니다. 다른 책 풀어보시면 알 것입니다.

```
ex)
1. A 장점        2. A 주의사항    3. B 장점        4. B 주의사항  (X)
1. A 장점        2. B 장점        3. A 주의사항    4. B 주의사항  (O)
```

또한, 답변이 비슷한 것도 순서에 맞게 정리하였습니다.

4. 출제 빈도수 기재

문제 초반에 몇 번 출제되었는지 기재했습니다. ☆이 1개면 1번 출제이며 ★이 1개면 10번 출제되었다는 뜻입니다. 이를 통해서 암기 우선순위를 알 수 있게 하여 효과적으로 암기할 수 있게 했습니다.

5. 얇고 가벼운 책

이 책은 다른 출판사 책들처럼 두껍지도, 무겁지도 않습니다. 정말 좋죠. 하지만, 무시하면 큰 코 다칩니다. 이 책은 아주 밀도가 큰 알찬 책입니다. 실제 작년 구매자분들도 가볍게 생각하다 큰 코 다쳤습니다.

6. 저자의 실시간 질문 답변

저자는 현재 오픈 카카오톡을 통해 새벽 2시까지 질문에 대한 답변을 하고 있습니다.
이는 어떤 책 저자도 하지 않고 못하는 행동입니다. 많은 구매자들이 좋아합니다. 여담으로 저자분이 자기 옆자리에 있는 것 같다고 말하네요… 책 구매자분들은 책에 QR코드가 있으니 **꼭** 입장 부탁드립니다.

7. 이론이 없고 오로지 기출문제만 있다.

이론을 안 보고 실기를 합격할 수 있을지 의문이신가요? 전 실제로 필기든 실기든 이론은 보지 않고 기출문제부터 풉니다. 그 이유는 바로 시간 낭비이기 때문이죠. 알 사람은 압니다. 어차피 문제은행식이라 기출문제들만 풀고 외우면 그만입니다. 만약 그래도 이론 한 번은 봐야겠다 싶고, 시험목적이 아닌 직무에 초전문적인 지식을 습득하고 싶으시다면 다른 출판사 책을 사십시오. 부탁입니다. 하지만 문제 밑에 있는 해설만 보아도 충분할 겁니다. 즉, 기출문제만 봐도 합격하실 수 있습니다. 저를 믿고 따라오십시오.
어차피 제가 오픈카카오톡방에서 상세히 설명해드립니다.

8. 온라인으로 문제풀기 (feat. 모두CBT/유튜브 안전모/유튜브 도비전문가)

직장이나 학교, 버스나 지하철 또는 화장실에서 직8딴 문제를 풀어보고 싶나요? 모두CBT/유튜브 안전모, 도비전문가를 통해 온라인으로도 문제를 풀어볼 수가 있습니다! 모두CBT: 시간/장소 구애받지 않고 직8딴 문제를 직접 풀기 가능 유튜브 안전모: 시간/장소 구애받지 않고 직8딴 문제들을 암기법을 통해 재밌게 보기 가능
유튜브 도비전문가: 시간/장소 구애받지 않고 저자의 직8딴 강의 보기 가능

9. 실제 합격자의 책

이 책은 제가 직접 취득하여 낸 책으로 누구보다 응시자들의 맘을 잘 알고 있습니다. 어느 점이 공부할 때 어려운지, 어떻게 외워야 쉽게 외울 수 있는지 잘 알고 있지요. 그렇기에 믿고 보는 책이라 장담할 수 있습니다.
기사 자격증이 많은 만큼 세세한 것들도 잘 알죠… 저의 공부법과 요약방법들이 담긴 책으로 적은 시간을 소비하고 합격하시길 바랍니다.

4. 수질환경기사 기본정보

1. 시행처

한국산업인력공단

2. 개요

수질오염이란 물의 상태가 사람이 이용하고자 하는 상태에서 벗어난 경우를 말하는데 그런 현상 중에는 물에 인, 질소와 같은 비료성분이나 유기물, 중금속과 같은 물질이 많아진 경우 수온이 높아진 경우 등이 있다. 이러한 수질오염은 심각한 문제를 일으키고 있어 이에 따른 자연환경 및 생활환경을 관리 보전하여 쾌적한 환경에서 생활할 수 있도록 수질오염에 관한 전문적인 양성이 시급해짐에 따라 자격제도 제정

3. 수행직무

수질 분야에 측정망을 설치하고 그 지역의 수질오염상태를 측정하여 다각적인 연구와 실 험분석을 통해 수질오염에 대한 대책을 강구함. 수질 오염물질을 제거 또는 감소시키 기 위한 오염방지시설을 설계, 시공, 운영하는 업무 수행

4. 시험과목

-필기: 1. 수질오염개론 2. 상하수도계획 3. 수질오염방지기술 4. 수질오염 공정시험 기준
-실기: 수질오염방지 실무

5. 검정방법

-필기: 객관식 4지 택일형, 과목당 20문항(과목당 20분)
-실기: 필답형(3시간)

6. 합격기준

-필기: 100점을 만점으로 하여 과목당 40점 이상, 전과목 평균 60점 이상
-실기: 100점을 만점으로 하여 60점 이상

8. 연도별 합격률

연도	필기			실기		
	응시	합격	합격률(%)	응시	합격	합격률(%)
2024	9,002	2,871	31.90%	5,463	2,073	37.90%
2023	8,827	2,610	29.60%	4,897	1,222	25%
2022	9,089	2,750	30.30%	4,452	2,249	50.50%
2021	10,255	3,782	36.90%	6,776	2,981	44%
2020	8,953	3,459	38.60%	4,884	2,895	59.30%
2019	8,284	2,689	32.50%	3,460	1,945	56.20%
2018	8,434	2,631	31.20%	3,117	2,444	78.40%
2017	8,348	2,523	30.20%	3,331	2,440	73.30%
2016	7,625	2,294	30.10%	2,961	1,892	63.90%
2015	7,596	2,440	32.10%	3,221	2,393	74.30%
2014	7,072	2,217	31.30%	3,190	2,230	69.90%
2013	7,117	1,767	24.80%	2,349	1,189	50.60%
2012	6,604	1,117	16.90%	1,594	1,134	71.10%
2011	6,381	1,457	22.80%	2,503	1,554	62.10%
2010	6,479	1,625	25.10%	2,695	1,299	48.20%
2009	6,163	1,291	20.90%	2,199	1,198	54.50%
2008	6,686	1,431	21.40%	2,424	1,070	44.10%
2007	6,807	1,536	22.60%	2,195	1,347	61.40%
2006	6,800	1,401	20.60%	2,237	1,039	46.40%
2005	6,184	1,105	17.90%	2,100	1,037	49.40%
2004	6,863	1,473	21.50%	2,548	1,132	44.40%
2003	6,893	1,176	17.10%	1,916	836	43.60%
2002	7,383	1,029	13.90%	1,872	792	42.30%
2001	7,506	1,431	19.10%	2,503	1,546	61.80%
1982~2000	95,742	31,854	33.30%	51,786	15,726	30.40%
소계	277,093	79,959	28.90%	126,673	55,663	43.90%

출처: 한국산업인력공단

수질환경기사 2006~24년

01

필답 계산형
(기출중복문제 소거 정리)

잠깐! 더 효율적인 공부를 위한 링크들을 적극 이용하세요~!

직8딴 홈페이지
- 출시한 책 확인 및 구매

직8딴 카카오오픈톡방
- 실시간 저자의 질문 답변
  (주7일 아침 11시~새벽 2시까지, 전화로도 함)
- 직8딴 구매자전용 복지와 혜택 획득
  (최소 달에 40만원씩 기프티콘 지급)
- 구매자들과의 소통 및 EHS 관련 정보 습득

직8딴 네이버카페
- 실시간으로 최신화되는 정오표 확인
  (정오표: 책 출시 이후 발견된 오타/오류를 모아놓은 표, 매우 중요)
- 공부에 도움되는 컬러버전 그림 및 사진 습득
- 직8딴 구매자전용 복지와 혜택 획득

직8딴 유튜브
- 저자 직접 강의 시청 가능
- 공부 팁 및 암기법 획득
- 국가기술자격증 관련 정보 획득

1 2006~2024년 필답 계산형
기출 중복문제 소거 정리

001 ☆☆

다음 물음에 답하시오.

- 총COD: 410mg/L
- SCOD: 180mg/L
- BOD_5: 220mg/L
- $SBOD_5$: 100mg/L
- TSS: 190mg/L
- VSS: 150mg/L
- $K(=\dfrac{BOD_U}{BOD_5})$: 1.6mg/L

1. NBDSS(mg/L)   2. NBDICOD(mg/L)   3. NBDCOD(mg/L)

해

```
   COD   =  SCOD   +  ICOD          410 = 180 + 230
    ‖          ‖          ‖             ‖      ‖      ‖
  BDCOD = BDSCOD + BDICOD     →    352 = 160 + 192
    +          +          +              +      +      +
 NBDCOD = NBDSCOD + NBDICOD         58 = 20 + 38
```

$NBDSS = FSS + NBDVSS = FSS + VSS \cdot \dfrac{NBDICOD}{ICOD} = 40 + 150 \cdot \dfrac{38}{230} =$ **64.78mg/L**

VSS : NBDVSS = ICOD : NBDICOD
FSS = TSS − VSS = 190 − 150 = 40mg/L
$BDCOD = BOD_U = BOD_5 \cdot k = 220 \cdot 1.6 = 352mg/L$
$BDSCOD = SBOD_U = SBOD_5 \cdot k = 100 \cdot 1.6 = 160mg/L$

COD: 화학적 산소요구량
SCOD: 용해성 화학적 산소요구량
SBOD: 용해성 생화학적 산소요구량
ICOD: 불용성 화학적 산소요구량
BDCOD: 생분해성 유기물에 의한 COD(=BOD_U)
BDSCOD: 생분해성 유기물에 의한 용해성 화학적 산소요구량
BDICOD: 생분해성 유기물에 의한 불용성 화학적 산소요구량
NBDCOD: 난분해성 유기물에 의한 COD
NBDSCOD: 난분해성 유기물에 의한 용해성 화학적 산소요구량
NBDICOD: 난분해성 유기물에 의한 불용성 화학적 산소요구량
NBDSS: 난분해성 유기물에 의한 부유고형물
NBDVSS: 난분해성 유기물에 의한 휘발성 부유고형물
TSS: 총 부유고형물
FSS: 잔류성 부유고형물
VSS: 휘발성 부유고형물

답 1. 64.78mg/L   2. 38mg/L   3. 58mg/L

002

TS = 320mg/L, FS = 200mg/L, VSS = 50mg/L, TSS = 100mg/L일 때, TDS, VS, FSS, VDS, FDS를 구하시오. 단위는 mg/L이다.

해
$$\begin{array}{ccccc} TS & \to & VS & + & FS \\ \downarrow & & \downarrow & & \downarrow \\ TSS & \to & VSS & + & FSS \\ + & & + & & + \\ TDS & \to & VDS & + & FDS \end{array} = \begin{array}{ccccc} 320 & \to & VS & + & 200 \\ \downarrow & & \downarrow & & \downarrow \\ 100 & \to & 50 & + & FSS \\ + & & + & & + \\ TDS & \to & VDS & + & FDS \end{array}$$

TDS=320-100=220mg/L   VS=320-200=120mg/L   FSS=100-50=50mg/L
VDS=120-50=70mg/L   FDS=220-70=150mg/L

TS: 총고형물   VS: 휘발성고형물   FS: 잔류성고형물
TSS: 총부유고형물   VSS: 휘발성부유고형물 FSS: 잔류성부유고형물
TDS: 총용존고형물   VDS: 휘발성용존고형물 FDS: 잔류성부유고형물

답 TDS : 220mg/L   VS : 120mg/L   FSS : 50mg/L   VDS : 70mg/L   FDS : 150mg/L

003 ☆

다음 조건을 이용하여 물음에 답하시오.

항목	COD	용해성 COD	BOD_5	용해성 BOD_5	TSS	VSS	TS	최종 BOD
농도(mg/L)	4,500	1,800	1,500	1,000	1,750	1,450	3,000	$2BOD_5$

1. 탈산소계수k(d^{-1}, 상용대수 기준)   2. 2일 후 남아있는 BOD(mg/L)
3. 용해된 고형물질의 농도(mg/L)   4. NBDCOD   5. NBDVSS

해 1. $BOD_t = BOD_u(1-10^{-kt}) \rightarrow \dfrac{BOD_5}{BOD_u} = \dfrac{1}{2} = 1 - 10^{-5k} \rightarrow 0.5 = 10^{-5k} \rightarrow \log 0.5 = -5k$

$\rightarrow k = -\dfrac{\log 0.5}{5} = 0.06 d^{-1}$

2. $BOD_2 = BOD_5 \cdot 10^{-kt} = 1,500 \cdot 10^{-0.06 \cdot 2} = 1,137.87 mg/L$

3. TS=TDS+TSS → 300=TDS+1,750 → TDS=1,250mg/L

4. COD=BDCOD+NBDCOD → 4,500=3,000+NBDCOD → NBDCOD=1,500mg/L
   $BDCOD=BOD_u=2BOD_5=2 \cdot 1,500=3,000mg/L$

5. ICOD 중 NBDICOD 비율과 VSS 중 NBDVSS 비율은 같다.
   ICOD : NBDICOD = VSS : NBDVSS → 2,700 : 1,700 = 1,450 : NBDVSS
   → $NBDVSS = \dfrac{1,700 \cdot 1,450}{2,700} = 912.96 mg/L$
   ICOD → COD=SCOD+ICOD → 4,500=1,800+ICOD → ICOD=2,700mg/L
   NBDICOD → ICOD=BDICOD+NBDICOD → 2,700=1,000+NBDICOD
   → NBDICOD=1,700mg/L
   $BDICOD=IBOD_u=2 \cdot IBOD_5=2 \cdot 500=1,000mg/L$
   IBOD → BOD=SBOD+IBOD → 1,500=1,000+IBOD → IBOD=500mg/L
   VSS=1,450mg/L

TS: 총고형물 TSS: 총부유고형물   TDS: 총용존고형물   COD: 화학적 산소요구량
SCOD: 용해성 화학적 산소요구량   SBOD: 용해성 생화학적 산소요구량
ICOD: 불용성 화학적 산소요구량   BDCOD: 생분해성 유기물에 의한 COD(=BOD_U)
BDICOD: 생분해성 유기물에 의한 불용성 화학적 산소요구량
NBDCOD: 난분해성 유기물에 의한 COD
NBDICOD: 난분해성 유기물에 의한 불용성 화학적 산소요구량
NBDVSS: 난분해성 유기물에 의한 휘발성 부유고형물   VSS: 휘발성 부유고형물

답 1. $0.06 d^{-1}$ 2. 1,137.87mg/L 3. 1,250mg/L 4. 1,500mg/L 5. 912.96mg/L

004 ☆☆☆

다음 물음에 대한 답변을 하시오.

| 1. $Ca(HCO_3)_2$ 당량(g/eq) (반응식 포함)   2. CO_2 당량(g/eq) (반응식 포함) |

해 1. $Ca(HCO_3)_2 \rightarrow Ca^{2+} + 2HCO_3^-$
$\rightarrow \dfrac{162g}{2eq} = 81g/eq$

2. $CO_2 + H_2O \rightarrow CO_3^{2-} + 2H^+$
$\rightarrow \dfrac{44g}{2eq} = 22g/eq$

답 1. 반응식: $Ca(HCO_3)_2 \rightarrow Ca^{2+} + 2HCO_3^-$ 당량: 81g/eq
2. 반응식: $CO_2 + H_2O \rightarrow CO_3^{2-} + 2H^+$ 당량: 22g/eq

005 ☆☆☆

소석회($Ca(OH)_2$)를 이용해 수중 인을 제거하고자 한다. 다음 조건으로 물음에 대한 답변을 하시오.

- 폐수용량: 2,000m^3/d
- 원자량 P: 31, Ca: 40
- 화학침전 후 유출수의 $PO_4^{3-}-P$ 농도: 0.2mg/L
- 폐수 중 $PO_4^{3-}-P$ 농도: 10mg/L

1. 제거되는 P의 양(kg/d)
2. 소요 $Ca(OH)_2$ 양(kg/d)
3. 침전슬러지 $Ca_5(PO_4)_3(OH)$의 함수율 95%, 비중 1.2일 때 발생하는 침전슬러지량(m^3/d)

해

1. 제거 P양 = (폐수 중 농도 - 유출수 농도) · 폐수용량
$$= \frac{(10-0.2)mg \cdot 2,000m^3 \cdot 1,000L \cdot kg}{L \cdot d \cdot m^3 \cdot 10^6 mg} = 19.6 kg/d$$

2. $5Ca(OH)_2$: $3PO_4^{3-}-P$
   5 · 74 : 3 · 31
   X : 19.6
$$X = \frac{5 \cdot 74 \cdot 19.6}{3 \cdot 31} = 77.98 kg/d$$

3. $Ca_5(PO_4)_3(OH)$: $3P$
   502 : 3 · 31
   X : 19.6
$$X = \frac{502 \cdot 19.6}{3 \cdot 31} = 105.798 kg/d$$
$$\rightarrow \frac{Ca_5(PO_4)_3(OH)양}{비중 \cdot (1-함수율)} = \frac{105.798kg \cdot m^3}{d \cdot 1,200kg \cdot (1-0.95)} = 1.76 m^3/d$$
비중은 단위가 없지만 밀도처럼 생각하자! 예) 비중1 = 1,000g/L = 1kg/m^3

답 1. 19.6kg/d 2. 77.98kg/d 3. 1.76m^3/d

006 ☆☆☆

유량 5m^3/s, DO농도 10mg/L인 하천에서 DO농도를 최소 5mg/L로 유지해야 자정능력이 있다 할 때 자연 정화에 이용되는 필요 산소량(kg/d)를 구하시오.

해 필요산소량 = $\dfrac{(10-5)mg \cdot 5m^3 \cdot kg \cdot (60 \cdot 60 \cdot 24)s \cdot 10^3 L}{L \cdot s \cdot 10^6 mg \cdot d \cdot m^3} = 2,160 kg/d$

답 2,160kg/d

007 ☆☆

시료 1L에 0.8kg $C_8H_{12}O_3N_2$가 존재할 때 $C_8H_{12}O_3N_2$ 1kg당 $C_5H_7O_2N$ 0.5kg을 합성한다. 이 때 $C_8H_{12}O_3N_2$가 최종산물과 미생물로 완전 산화될 때 필요한 산소량(kg/L)을 구하시오.(최종산물: CO_2, NH_3, H_2O)

해

$C_8H_{12}O_3N_2 \;+\; 3O_2 \;\to\; C_5H_7O_2N \;+\; 3CO_2 \;+\; NH_3 \;+\; H_2O$
　　184　　　　　　　　：　　113
　　X　　　　　　　　：　0.8 · 0.5

$X = \dfrac{184 \cdot 0.8 \cdot 0.5}{113} = 0.651\, kg/L$

$C_8H_{12}O_3N_2 \;+\; 3O_2 \;\to\; C_5H_7O_2N \;+\; 3CO_2 \;+\; NH_3 \;+\; H_2O$
　　184　　：　3 · 32
　　0.651　：　X

$X = \dfrac{3 \cdot 32 \cdot 0.651}{184} = 0.34\, kg/L$

$C_8H_{12}O_3N_2 \;+\; 8O_2 \;\to\; 8CO_2 \;+\; 2NH_3 \;+\; 3H_2O$
　　184　　　　：　8 · 32
　(0.8 − 0.651)：　X

$X = \dfrac{8 \cdot 32 \cdot (0.8 - 0.651)}{184} = 0.207\, kg/L$

→ $0.34 + 0.207 = 0.55\, kg/L$

답 $0.55\, kg/L$

008 ☆☆☆☆

다음 조건으로 박테리아($C_5H_7O_2N$)에 대한 물음에 답변을 하시오.

- 1차 반응
- 속도상수: $0.15d^{-1}$
- 상용대수이용
- 화합물: 100% 산화
- $BOD_U = COD$
- 박테리아는 분해되어 CO_2, H_2O, NH_3 로 됨

1. BOD_5/COD 2. BOD_5/TOC 3. TOC/COD

[해] 1. $BOD_5 = BOD_U(1 - 10^{-k_1 t})$

$\rightarrow \dfrac{BOD_5}{BOD_U} = \dfrac{BOD_5}{COD} = 1 - 10^{-0.15 \cdot 5} = 0.82$

2. $C_5H_7O_2N + 5O_2 \rightarrow 5CO_2 + 2H_2O + NH_3$
   $\qquad\qquad\quad 5 \cdot 32 : 5 \cdot 12$

   $BOD_U = 5 \cdot 32 = 160$

   $BOD_5 = 160(1 - 10^{-0.15 \cdot 5}) = 131.548$

   $\dfrac{BOD_5}{TOC} = \dfrac{131.548}{5 \cdot 12} = 2.19$

3. $C_5H_7O_2N + 5O_2 \rightarrow 5CO_2 + 2H_2O + NH_3$
   $\qquad\qquad\quad 5 \cdot 32 : 5 \cdot 12$

   $\dfrac{TOC}{COD} = \dfrac{5 \cdot 12}{5 \cdot 32} = 0.38$

[답] 1. 0.82 2. 2.19 3. 0.38

009 ☆

명암 병법 관련 조건이며 물음에 답하시오.

- 명병, 암병 초기 DO: 10mg/L
- 탈산소계수: 0.2d⁻¹
- 명암병 최종BOD: 12mg/L
- 3시간 후 명병 DO: 11mg/L
- 3시간 후 암병 DO: 9mg/L

1. 호흡률(mg/L · d)　　2. 광합성률(mg/L · d)

해 1. 호흡률 = $\dfrac{\text{호흡에 의한 } DO \text{감소량}}{\text{체류시간}} = \dfrac{0.329mg \cdot 24h}{L \cdot 3h \cdot d} = 2.63mg/L \cdot d$

호흡에 의한 DO감소량 = 암병 DO감소 – 유기물 분해 DO감소 = $1 - 0.671 = 0.329mg/L$
암병 DO감소 = $10 - 9 = 1mg/L$
유기물 분해 DO감소 = $BOD_t = BOD_u(1-10^{-kt}) = 12 \cdot (1-10^{-\frac{0.2 \cdot 3h \cdot d}{d \cdot 24h}}) = 0.671mg/L$

2. 광합성률 = $\dfrac{\text{광합성 산소량}}{\text{체류시간}} = \dfrac{2mg \cdot 24h}{L \cdot 3h \cdot d} = 16mg/L \cdot d$

광합성 산소량 = 명병 DO증가 + 암병 DO감소 = $(11-10) + (10-9) = 2mg/L$

명암 병법: 수중의 일차 생산자인 조류의 광합성, 호흡 속도를 측정하기 위하여 명병과 암
　　　　　 병을 사용하는 방법

- 명암 병법: 수중의 일차 생산자인 조류의 광합성, 호흡 속도를 측정하기 위하여 명병과 암병을 사용하는 방법

답 1. 2.63mg/L · d　2. 16mg/L · d

010 ☆☆☆☆

NO_3^-의 탈질 총괄반응식이 다음과 같을 때, NO_3^- 농도 40mg/L 함유된 폐수 $1,000m^3/d$를 탈질시키는 데 요구되는 메탄올 양(kg/d)을 구하시오.

$$\frac{1}{6}CH_3OH + \frac{1}{5}NO_3^- + \frac{1}{5}H^+ \rightarrow \frac{1}{10}N_2 + \frac{1}{6}CO_2 + \frac{13}{30}H_2O$$

해 NO_3^- 유입량 = NO_3^- 농도 · 유량 = $\dfrac{40mg \cdot 1,000m^3 \cdot kg \cdot 1,000L}{L \cdot d \cdot 10^6mg \cdot m^3} = 40kg/d$

$\frac{1}{6}CH_3OH$　：　$\frac{1}{5}NO_3^-$
$\frac{1}{6} \cdot 32$　：　$\frac{1}{5} \cdot 62$
　X　　：　　40

$X = \dfrac{\frac{1}{6} \cdot 32 \cdot 40}{\frac{1}{5} \cdot 62} = 17.2kg/d$

답 $17.2kg/d$

011

질산성 질소 1g 탈질하는 데 수소공여체로서 필요한 메탄올 이론량(g)을 구하시오.

해 $5CH_3OH + 6NO_3^- \rightarrow 3N_2 + 5CO_2 + 7H_2O + 6OH^-$
  $\quad 5 \cdot 32 \quad : \quad 6 \cdot 14$
  $\quad\quad X \quad\quad : \quad\quad 1$
  $X = \dfrac{5 \cdot 32 \cdot 1}{6 \cdot 14} = 1.9g$

답 1.9g

012

유량 $100m^3/d$, 질산성질소 300mg/L인 폐수를 메탄올을 이용해 탈질하려 할 때 메탄올 소요량(L/d)을 구하시오. 메탄올 순도는 90%, 비중 0.8이며 COD = 5N이다.

해 $CH_3OH + \quad 1.5O_2 \quad \rightarrow CO_2 + H_2O$
  $\quad 32kg \quad : 1.5 \cdot 32kg$
  $\quad\quad X \quad\quad : \quad Y$
  $Y = \dfrac{100m^3 \cdot 300mg \cdot 5 \cdot 10^3 L \cdot kg}{d \cdot L \cdot m^3 \cdot 10^6 mg} = 150kg/d$
  $X = \dfrac{32 \cdot 150}{1.5 \cdot 32} = 100kg/d \rightarrow \dfrac{100kg \cdot L}{d \cdot 0.8kg \cdot 0.9} = 138.89L/d$

답 138.89L/d

013

CH_3COOH(초산, 아세트산)의 BOD_U가 $20mg/L$ 일 때 TOC(mg/L)를 구하시오.

해 $CH_3COOH + 2O_2 \rightarrow 2CO_2 + 2H_2O$
  $\quad\quad\quad\quad 2 \cdot 32 : 2 \cdot 12$
  $\quad\quad\quad\quad\quad 20 \quad : \quad X$
  $X = \dfrac{2 \cdot 12 \cdot 20}{2 \cdot 32} = 7.5mg/L$

답 $7.5mg/L$

014

$CH_3CH(NH_2)COOOH$ 1mol이 호기성 분해할 때의 이론적 산소요구량(g/mol)을 구하시오.(질소는 HNO_3로 분해)

해 $CH_3CH(NH_2)COOOH + 4.5O_2 \rightarrow 3CO_2 + HNO_3 + 3H_2O$
  $\quad\quad 1mol \quad\quad\quad : 4.5 \cdot 32$

$ThOD = 4.5 \cdot 32 = 144g/mol$

답 144g/mol

015

글리신($CH_2(NH_2)COOH$)의 ThOD(g/mol)을 구하시오.

> 1단계 반응 : C와 N은 CO_2와 NH_3로 전환된다.
> 2단계 반응 : NH_3는 NO_2^-를 거쳐서 NO_3^-로 산화된다.

해 $Glycine$ 반응식
1단계 : $CH_2(NH_2)COOH + 1.5O_2 \rightarrow 2CO_2 + H_2O + NH_3$
2단계 : $NH_3 + 2O_2 \rightarrow H^+ + NO_3^- + H_2O$
총 : $CH_2(NH_2)COOH + 3.5O_2 \rightarrow 2CO_2 + 2H_2O + HNO_3$
  $\quad\quad 1mol \quad\quad\quad : 3.5 \cdot 32$

$ThOD = 3.5 \cdot 32 = 112g/mol$

답 112g/mol

016 ☆☆☆☆☆

혐기조건에서 글루코스(Glucose)가 분해될 때 30℃에서 최종 BOD 1kg당 발생 가능한 메탄 부피(m^3)를 구하시오.

해

$C_6H_{12}O_6 + 6O_2 \rightarrow 6CO_2 + 6H_2O$
　180　　: 6·32
　　X　　: 1

$X = \dfrac{180 \cdot 1}{6 \cdot 32} = 0.938 kg$

$C_6H_{12}O_6 \rightarrow 3CH_4 + 3CO_2$
　180　　: 3·22.4
　0.938　: X

$X = \dfrac{3 \cdot 22.4 \cdot 0.938}{180} = 0.35 m^3$

온도보정 하면 $\dfrac{0.35 m^3 \cdot (273+30)K}{273K} = 0.39 m^3$

답 $0.39 m^3$

017 ☆☆☆☆☆☆☆☆☆☆

메탄 최대수율은 제거 1kg COD당 $0.35 m^3 CH_4$임을 증명하고, 유량 $1,000 m^3/d$, COD 3,000mg/L, COD제거율: 80%일 경우 발생 CH_4량(m^3/d)을 구하시오.

해 -증명과정

$C_6H_{12}O_6 + 6O_2 \rightarrow 6CO_2 + 6H_2O$
　180　　: 6·32
　　X　　: 1

$X = \dfrac{180 \cdot 1}{6 \cdot 32} = 0.938 kg$

$C_6H_{12}O_6 \rightarrow 3CH_4 + 3CO_2$
　180　　: 3·22.4
　0.938　: X

$X = \dfrac{3 \cdot 22.4 \cdot 0.938}{180} = 0.35 m^3$

-발생 CH_4량

발생 CH_4량 = 유량 · COD농도 · COD제거율 · CH_4최대수율

$= \dfrac{1,000 m^3 \cdot 3,000 mg \cdot 0.8 \cdot 0.35 m^3(CH_4) \cdot 1,000 L \cdot kg}{d \cdot L \cdot kg(COD) \cdot m^3 \cdot 10^6 mg} = 840 m^3/d$

답 증명과정: 해설 참조　발생 CH_4량: $840 m^3/d$

018

글루코스 150mg/L와 벤젠 20mg/L 용액의 총 이론적 산소요구량(mg/L)과 총 유기탄소량(mg/L)을 구하시오.

해 - 총 이론적 산소요구량

$$C_6H_{12}O_6 + 6O_2 \rightarrow 6CO_2 + 6H_2O$$
  180 : 6 · 32
  150 : X

$$X = \frac{6 \cdot 32 \cdot 150}{180} = 160 \, mg/L$$

$$C_6H_6 + 7.5O_2 \rightarrow 6CO_2 + 3H_2O$$
  78 : 7.5 · 32
  20 : X

$$X = \frac{7.5 \cdot 32 \cdot 20}{78} = 61.538 \, mg/L$$

→ 160 + 61.538 = 221.54 mg/L

- 총 유기탄소량

$$C_6H_{12}O_6 + 6O_2 \rightarrow 6CO_2 + 6H_2O$$
  180 : 6 · 12
  150 : X

$$X = \frac{6 \cdot 12 \cdot 150}{180} = 60 \, mg/L$$

$$C_6H_6 + 7.5O_2 \rightarrow 6CO_2 + 3H_2O$$
  78 : 6 · 12
  20 : X

$$X = \frac{6 \cdot 12 \cdot 20}{78} = 18.462 \, mg/L$$

→ 60 + 18.462 = 78.46 mg/L

답 총 이론적 산소요구량 : 221.54mg/L   총 유기탄소량 : 78.46mg/L

019

혐기소화조에서 유기성분 70%, 무기성분 30%인 슬러지를 소화한 후 유기성분 60%, 무기성분 40%가 되었을 때 소화율(%)을 구하고, 투입 슬러지 초기 TOC농도 측정 결과 10,000mg/L이었다면 슬러지 $1m^3$당 발생하는 가스량(m^3)을 구하시오. (단, 슬러지 유기성분은 포도당인 탄수화물로 구성되어 있으며 표준상태 기준이다.)

해 - 소화율

$$소화율(\%) = (1 - \frac{FS_i \cdot VS_o}{FS_o \cdot VS_i}) \cdot 100 = (1 - \frac{30 \cdot 60}{40 \cdot 70}) \cdot 100 = 35.71\%$$

- 가스량

$$TOC = TOC농도 \cdot 소화율 = \frac{10,000mg \cdot 1m^3 \cdot 0.3571 \cdot kg \cdot 1,000L}{L \cdot 10^6 mg \cdot m^3} = 3.571kg$$

$$\begin{array}{cccc} C_6H_{12}O_6 & \rightarrow & 3CH_4 & + & 3CO_2 \\ 6 \cdot 12 & : & 3 \cdot 22.4 & : & 3 \cdot 22.4 \\ 3.571 & : & X & : & Y \end{array}$$

$$X, Y = \frac{3 \cdot 22.4 \cdot 3.571}{6 \cdot 12} = 3.333 m^3$$

$\rightarrow 3.333 + 3.333 = 6.67 m^3$

FS_i : 초기 무기성분(%) FS_o : 소화 후 무기성분(%)
VS_i : 초기 유기성분(%) VS_o : 소화 후 유기성분(%)

답 소화율: 35.71% 가스량: $6.67 m^3$

020 ☆☆☆☆

표준상태에서 포도당 800mg/L 용액이 있다. 다음 물음에 답하시오.

> 1. 혐기성 분해 시 생성되는 CH_4 발생량(mg/L)
> 2. 이 용액 1L를 혐기성 분해할 시 발생 CH_4 양(mL)

해 1. $C_6H_{12}O_6 \rightarrow 3CH_4 + 3CO_2$
　　　180　：3·16
　　　800　：X
　　$X = \dfrac{3 \cdot 16 \cdot 800}{180} = 213.33 mg/L$

　2. $C_6H_{12}O_6 \rightarrow 3CH_4 + 3CO_2$
　　　180　：3·22.4
　　　800　：X
　　$X = \dfrac{3 \cdot 22.4 \cdot 800}{180} = 298.67 mL$

답 1. $213.33 mg/L$　2. $298.67 mL$

021 ☆☆☆☆☆☆

유출수에 아질산성 질소 15mg/L, 암모니아성 질소 50mg/L 함유되어 있을 때 완전 질산화에 소요되는 이론적 산소 요구량(mg/L)를 구하시오.

해 $NO_2^{-}{-}N + 0.5O_2 \rightarrow NO_3^{-}{-}N$
　　14　：0.5·32
　　15　：X
　$X = \dfrac{0.5 \cdot 32 \cdot 15}{14} = 17.143 mg/L$

$NH_3^{-}{-}N + 2O_2 \rightarrow NO_3^{-}{-}N + H^+ + H_2O$
　　14　：2·32
　　50　：X
　$X = \dfrac{2 \cdot 32 \cdot 50}{14} = 228.571 mg/L$
　$\rightarrow 17.143 + 228.571 = 245.71 mg/L$

답 $245.71 mg/L$

022 ☆☆☆

호기성 조건하에서 폐수의 암모니아를 질산염으로 산화시키려 한다. 다음 조건으로 물음에 대한 답변을 하시오.

- 반응식:
  $0.13NH_4^+ + 0.225O_2 + 0.02CO_2 + 0.005HCO_3^- \rightarrow 0.005C_5H_7O_2N + 0.125NO_3^- + 0.25H^+ + 0.12H_2O$
- 암모니아성 질소농도: 20mg/L
- 폐수량: 1,000 m^3

1. 산소 소모량(kg)   2. 생성세포 건조중량(kg)   3. 폐수 질산성질소(NO_3^--N)농도(mg/L)

해

1. $0.13NH_4^+$: $0.225O_2$
   $0.13 \cdot 14$: $0.225 \cdot 32$
   20 : X
   $X = \dfrac{0.225 \cdot 32 \cdot 20}{0.13 \cdot 14} = 79.12 kg$

2. $0.13NH_4^+$: $0.005C_5H_7O_2N$
   $0.13 \cdot 14$: $0.005 \cdot 113$
   20 : X
   $X = \dfrac{0.005 \cdot 113 \cdot 20}{0.13 \cdot 14} = 6.21 kg$

3. $0.13NH_4^+$: $0.125NO_3^-$
   $0.13 \cdot 14$: $0.125 \cdot 14$
   20 : X
   $X = \dfrac{0.125 \cdot 14 \cdot 20}{0.13 \cdot 14} = 19.23 mg/L$

답 1. 79.12kg   2. 6.21kg   3. 19.23mg/L

023 ☆

파과점 염소 주입법을 이용해 NH_3^--N 10mg/L를 처리할 때 필요한 염소농도(mg/L)를 구하시오.

해 $2NH_3^-$-N + $3Cl_2 \rightarrow N_2 + 6HCl$
   $2 \cdot 14$: $3 \cdot 71$
   10 : X
   $X = \dfrac{3 \cdot 71 \cdot 10}{2 \cdot 14} = 76.07 mg/L$

답 76.07 mg/L

024

측정시료 40mL에 포함된 염소이온을 황산은(Ag_2SO_4)을 이용해 $AgCl$ 형태로 침전 제거하고자 한다. 소모된 황산은의 양이 50mg일 때 시료 중 염소이온 농도(mg/L)를 구하시오.

해
$$2Cl^- + Ag_2SO_4 \rightarrow 2AgCl + SO_4^{2-}$$
$$2 \cdot 35.5g : 312g$$
$$X : 50mg$$
$$\rightarrow X = \frac{2 \cdot 35.5 \cdot 50}{312} = 11.378mg \rightarrow \frac{11.378mg \cdot 10^3 mL}{40mL \cdot L} = 284.45mg/L$$

답 284.45mg/L

025

어느 폐수 유량 $300m^3/d$, BOD 2,000mg/L이며 N과 P는 존재하지 않는다. 활성슬러지법으로 처리하기 위해 요구되는 황산암모늄과 인산의 소요량(kg/d)을 구하시오.(BOD : N : P = 100 : 5 : 1)

해 -황산암모늄

$$BOD량 = BOD농도 \cdot 유량 = \frac{2,000mg \cdot 300m^3 \cdot 1,000L \cdot kg}{L \cdot d \cdot m^3 \cdot 10^6 mg} = 600kg/d$$

필요 질소량 → 100 : 5 = 600 : N, $N = \frac{5 \cdot 600}{100} = 30kg/d$

$(NH_4)_2SO_4$: $2N$
132 : 2 · 14
X : 30

$X = \frac{132 \cdot 30}{2 \cdot 14} = 141.43 kg/d$

-인산

필요 인량 → 100 : 1 = 600 : P, $P = \frac{1 \cdot 600}{100} = 6kg/d$

H_3PO_4 : P
98 : 31
X : 6

$X = \frac{98 \cdot 6}{31} = 18.97 kg/d$

답 황산암모늄 소요량 : 141.43kg/d   인산 소요량 : 18.97kg/d

026 ☆

오염물질을 응집침전을 이용해 처리할 때 발생하는 슬러지량(m^3/d)을 구하시오.

- Alum 주입량: 200mg/L
- 슬러지 함수율: 95%
- 폐수량: 2,500m^3/d
- 슬러지 비중: 1.04
- SS농도: 250mg/L
- SS제거율: 85%
- $Al_2(SO_4)_3 \cdot 14H_2O$ 분자량: 594g
- $Al_2(SO_4)_3 \cdot 14H_2O + 3Ca(OH)_2 \rightarrow 2Al(OH)_3 + 3CaSO_4 + 14H_2O$

해 슬러지량 $= \dfrac{SS제거량 + 침전량}{슬러지 비중 \cdot (1 - 슬러지 함수율)} = \dfrac{(531.25 + 131.313)kg \cdot m^3}{d \cdot 1,040kg \cdot (1 - 0.95)} = 12.74 m^3/d$

SS제거량 $= SS농도 \cdot 폐수량 \cdot SS제거율$

$= \dfrac{250mg \cdot 2,500m^3 \cdot 0.85 \cdot 1,000L \cdot kg}{L \cdot d \cdot m^3 \cdot 10^6 mg} = 531.25 kg/d$

침전량 $= 131.313 kg/d$

$Al_2(SO_4)_3 \cdot 14H_2O$ 주입량 $= Alum$주입량 $\cdot$ 폐수량

$= \dfrac{200mg \cdot 2,500m^3 \cdot kg \cdot 1,000L}{L \cdot d \cdot 10^6 mg \cdot m^3} = 500 kg/d$

$Al_2(SO_4)_3 \cdot 14H_2O$: $2Al(OH)_3$
594 : 2 · 78
500 : X

$X = \dfrac{2 \cdot 78 \cdot 500}{594} = 131.313 kg/d$

답 $12.74 m^3/d$

027 ☆☆☆☆

다음 조건으로 인을 제거하기 위해 요구되는 액상 Alum 양(m^3/d)을 구하시오.

- Al : P 몰비 = 2 : 1
- 평균유량: 3,800m^3/d
- 평균 인농도: 8mg/L
- 비중량: 1.33
- Al함유량: 4.37wt%

해 액상 $Alum$양 $= \dfrac{제거 Al 양}{비중량 \cdot Al함유량} = \dfrac{52.955 kg \cdot m^3}{d \cdot 1,330 kg \cdot 0.0437} = 0.91 m^3/d$

제거 P양 $=$ 평균유량 $\cdot$ 평균 인농도 $= \dfrac{3,800m^3 \cdot 8mg \cdot 1,000L \cdot kg}{d \cdot L \cdot m^3 \cdot 10^6 mg} = 30.4 kg/d$

2Al : P
2 · 27 : 31
X : 30.4

$X = \dfrac{2 \cdot 27 \cdot 30.4}{31} = 52.955 kg/d$

답 $0.91 m^3/d$

028 ★★☆

알칼리염소법으로 CN^- 농도 300mg/L, 폐수량 $500m^3/d$ 인 폐수를 처리하는 데 필요한 이론적 염소량(ton/d)을 구하시오.

[해] $2CN^- + 5Cl_2 + 4H_2O \rightarrow 2CO_2 + N_2 + 8HCl + 2Cl^-$
 $2 \cdot 26 \quad : 5 \cdot 71$
 $\quad 300 \quad : \quad X$

$X = \dfrac{5 \cdot 71 \cdot 300}{2 \cdot 26} = 2,048.077 mg/L$

$\rightarrow \dfrac{2,048.077mg \cdot 500m^3 \cdot ton \cdot 1,000L}{L \cdot d \cdot 10^9 mg \cdot m^3} = 1.02 ton/d$

[답] 1.02ton/d

029 ★★★★★

카드뮴 함유 산성폐수에 알칼리를 가해 pH를 올리면 수산화카드뮴($Cd(OH)_2$, 용해도곱(평형상수) $4 \cdot 10^{-14}$)의 침전물이 형성된다. pH10일 때 침전처리 후 Cd(원자량 112.4) 잔류이론량($\mu g/L$)을 구하시오. 단, 재용해나 착염 영향은 없다.

[해] $Cd(OH)_2 \rightarrow Cd^{2+} + 2OH^-$

$k_{sp} = [Cd^{2+}][OH^-]^2 \rightarrow [Cd^{2+}] = \dfrac{k_{sp}}{[OH^-]^2} = \dfrac{4 \cdot 10^{-14}}{(10^{-4})^2} = 0.4 \cdot 10^{-5} M$

$\rightarrow \dfrac{0.4 \cdot 10^{-5} mol \cdot 112.4g \cdot 10^6 \mu g}{L \cdot mol \cdot g} = 449.6 \mu g/L$

$M(몰농도) = mol/L$

[답] $449.6 \mu g/L$

030 ☆☆☆☆☆

HOCl과 OCl^-을 이용한 살균 소독공정에서 pH : 7, 온도 : 20℃, 평형상수 k : $2.2 \cdot 10^{-8}$이라면 [HOCl]/[OCl^-] 비율을 구하시오.

해 $HOCl \rightarrow H^+ + OCl^-$

$$k = \frac{[H^+] \cdot [OCl^-]}{[HOCl]} \rightarrow \frac{[HOCl]}{[OCl^-]} = \frac{[H^+]}{k} = \frac{10^{-7}}{2.2 \cdot 10^{-8}} = 4.55$$

답 4.55

031 ☆

다음 조건에서 정상상태에서의 오염물질 농도(mg/L)를 구하시오.

- 저수지 용량 : 50,000m³
- 평균 깊이 : 5m
- 유입량 : 6,000m³/d
- 유출량 : 6,000m³/d
- 오염물질 분해계수(k) : 0.3d⁻¹
- 공장에서의 오염부하량 : 40kg/d
- 대기로부터의 오염부하량 : 0.2g/m² · d
- 유입수 오염물질 농도 : 5mg/L

해 오염유입량 = 오염유출량 + 반응총량 → $72,000g/d = 6,000X + 15,000X = 21,000Xm^3/d$

$$\rightarrow X = \frac{72,000g \cdot d \cdot 10^3 mg \cdot m^3}{d \cdot 21,000m^3 \cdot g \cdot 10^3 L} = 3.43mg/L$$

오염유입량 = 공장 + 대기 + 유입수 = $40,000 + 2,000 + 30,000 = 72,000g/d$

공장 = $40,000g/d$

대기 = $\dfrac{오염부하량 \cdot 용량}{깊이} = \dfrac{0.2g \cdot 50,000m^3}{m^2 \cdot d \cdot 5m} = 2,000g/d$

유입수 = $\dfrac{5mg \cdot 6,000m^3 \cdot g \cdot 10^3 L}{L \cdot d \cdot 10^3 mg \cdot m^3} = 30,000g/d$

오염유출량 = 유량 · 오염물질농도($= X$) $= 6,000Xm^3/d$

반응총량 $= kVC = \dfrac{0.3 \cdot 50,000m^3 \cdot X}{d} = 15,000Xm^3/d$

k : 분해계수 V : 용량 C : 오염물질 농도

답 3.43mg/L

032 ☆☆☆

다음 조건으로 응집처리 시설에서 제거되는 고형물 양(kg/d)을 구하시오.

- 황산 제2철 주입량: 50mg/L
- SS농도: 120mg/L
- 석회와 황산제2철 반응식: $Fe_2(SO_4)_3 + 3Ca(OH)_2 \rightarrow 2Fe(OH)_{3(s)} + 3CaSO_4$
- 유량: $10,000m^3/d$
- 고형물 제거율: 90%

해 $Fe_2(SO_4)_3$ 주입량 = 황산 제2철 주입량 · 유량

$$= \frac{50mg \cdot 10,000m^3 \cdot 1,000L \cdot kg}{L \cdot d \cdot m^3 \cdot 10^6 mg} = 500kg/d$$

$Fe_2(SO_4)_3 + 3Ca(OH)_2 \rightarrow 2Fe(OH)_{3(s)} + 3CaSO_4$
  399.6kg   : 2 · 106.8kg
  500kg/d   : Xkg/d

$X = \dfrac{2 \cdot 106.8 \cdot 500}{399.6} = 267.267 kg/d$

유입 SS량 = SS농도 · 유량 = $\dfrac{120mg \cdot 10,000m^3 \cdot 1,000L \cdot kg}{L \cdot d \cdot m^3 \cdot 10^6 mg} = 1,200kg/d$

→ 제거 고형물 양 = $(267.267 + 1,200) \cdot 0.9 = 1,320.54 kg/d$

답 $1,320.54 kg/d$

033 ☆☆☆☆☆☆☆☆

폐수 중 암모니아성 질소를 Air Stripping법으로 제거하기 위해 폐수 pH를 조절하려할 때 수중 암모니아성 질소 중 암모니아를 98%로 하기 위한 pH를 구하시오.
(평형 반응식 $NH_3 + H_2O \leftrightarrow NH_4^+ + OH^-$, 평형상수 $k_b : 1.8 \cdot 10^{-5}$)

해 $k_b = \dfrac{[NH_4^+][OH^-]}{[NH_3]} = 1.8 \cdot 10^{-5}$, $NH_3\% = \dfrac{NH_3}{NH_3 + NH_4^+} \cdot 100$

두 식을 이용하면

$$NH_3\% = \dfrac{\dfrac{NH_4^+ \cdot OH^-}{k_b}}{\dfrac{NH_4^+ \cdot OH^-}{k_b} + NH_4^+} \cdot 100 = \dfrac{k_b \cdot NH_4^+ \cdot OH^-}{k_b \cdot NH_4^+(OH^- + k_b)} \cdot 100 = \dfrac{OH^-}{OH^- + k_b} \cdot 100$$

$$= \dfrac{1}{1 + \dfrac{k_b}{[OH^-]}} \cdot 100$$

$\rightarrow 98\% = \dfrac{1}{1 + \dfrac{1.8 \cdot 10^{-5}}{[OH^-]}} \cdot 100 \rightarrow 1 + \dfrac{1.8 \cdot 10^{-5}}{[OH^-]} = \dfrac{1}{0.98} \rightarrow \dfrac{1.8 \cdot 10^{-5}}{[OH^-]} = \dfrac{1}{0.98} - 1$

$\rightarrow [OH^-] = \dfrac{1.8 \cdot 10^{-5}}{\dfrac{1}{0.98} - 1} = 8.82 \cdot 10^{-4} M$

pH = 14 − pOH = 14 + log$[OH^-]$ = 14 + log$(8.82 \cdot 10^{-4})$ = 10.95

답 10.95

034 ☆☆☆

수중에 NH_4^+ 와 NH_3 가 평형상태에 있을 때 pH 10, 25℃에서 NH_3 비율(%)을 구하시오.
(단, 해리상수 $k_b : 1.8 \cdot 10^{-5}$, $NH_3 + H_2O \leftrightarrow NH_4^+ + OH^-$)

해 $NH_3(\%) = \dfrac{1}{1 + \dfrac{k_b}{[OH^-]}} \cdot 100 = \dfrac{1}{1 + \dfrac{1.8 \cdot 10^{-5}}{10^{-4}}} \cdot 100 = 84.75\%$

pH = 14 − pOH → 10 = 14 − pOH, pOH = 4

답 84.75%

035 ☆☆☆☆☆

폐수에 3.5g의 CH_3COOH 와 0.65g의 CH_3COONa 를 용해시켰을 때 pH를 구하시오. CH_3COOH 의 평형상수 k_a 는 $1.8 \cdot 10^{-5}$ 이다.

해 pH = $\log(\frac{1}{k_a}) + \log \frac{염}{약산} = \log(\frac{1}{1.8 \cdot 10^{-5}}) + \log \frac{0.00793}{0.0583} = 3.88$

염(CH_3COONa) = $\frac{0.65g \cdot mol}{82g}$ = 0.00793mol

약산(CH_3COOH) = $\frac{3.5g \cdot mol}{60g}$ = 0.0583mol

답 3.88

036 ☆☆

pH3인 폐수를 배출하는 공장A와 pH9인 폐수를 배출하는 공장B의 폐수가 합쳐질 때 pH를 구하시오. (폐수 용량비는 A : B = 2 : 5)

해 pH = $\log(\frac{1}{[H^+]}) = \log(\frac{1}{2.857 \cdot 10^{-4}}) = 3.54$

$[H^+] = \frac{10^{-3} \cdot 2 + 10^{-9} \cdot 5}{2+5} = 2.857 \cdot 10^{-4} M$

답 3.54

037 ☆☆☆

pH5인 폐수 2,000m^3와 pH4인 폐수 1,000m^3이 합쳐질 때 pH를 구하시오.

해 pH = $\log(\frac{1}{[H^+]}) = \log(\frac{1}{0.4 \cdot 10^{-4}}) = 4.4$

$[H^+] = \frac{10^{-5} \cdot 2,000 + 10^{-4} \cdot 1,000}{2,000+1,000} = 0.4 \cdot 10^{-4} M$

답 4.4

038 ☆☆☆

추적물질(농도: 100mg/L)을 유량 2L/min인 수심이 얕은 개울에 주입했다. 이 수심이 얕은 개울의 하류에서 추적물질 농도가 6mg/L로 측정되었다면 수심이 얕은 개울 유량(m^3/s)을 구하시오.(단, 추적물질은 수심이 얕은 개울에 존재하지 않다.)

해 $C_m = \dfrac{C_1 Q_1 + C_2 Q_2}{Q_1 + Q_2}$

→ $6 = \dfrac{100 \cdot 2 + 0 \cdot Q_2}{2 + Q_2}$ → $12 + 6Q_2 = 200$ → $Q_2 = \dfrac{200 - 12}{6} = 31.333 L/min$

→ $Q_2 = \dfrac{31.333 L \cdot m^3 \cdot min}{min \cdot 1,000L \cdot 60s} = 5.22 \cdot 10^{-4} m^3/s$

답 $5.22 \cdot 10^{-4} m^3/s$

039 ☆

다음 조건에서 정화조 유출수와 오수 합류 후 하수관로 유입 BOD농도(mg/L)를 구하시오.

- 계획 1인 1일 BOD 부하량: 70g(분뇨: 15g, 오수: 55g)
- 1인 1일 희석수 사용량: 50L
- 1인 1일 오수량: 350L
- 정화조 제거율: 50%

해 $C_m = \dfrac{C_1 Q_1 + C_2 Q_2}{Q_1 + Q_2} = \dfrac{157.142 \cdot 350 + 150 \cdot 50}{350 + 50} = 156.25 mg/L$

$C_1 = \dfrac{55g \cdot 인 \cdot d \cdot 1,000mg}{인 \cdot d \cdot 350L \cdot g} = 157.142 mg/L$

$C_2 = \dfrac{15g \cdot 인 \cdot d \cdot 0.5 \cdot 1,000mg}{인 \cdot d \cdot 50L \cdot g} = 150 mg/L$, 0.5는 정화조 제거율

답 $156.25 mg/L$

040 ☆

폐수가 유입되는 지점으로부터 10km 하류 지점의 BOD(mg/L)를 구하시오. 상용대수 기준이다.

- 폐수 - BOD : 200mg/L, 유량 : 600m³/d
- 하천 유속 : 0.1m/s
- 탈산소계수 : 0.1/d
- 하천 - BOD : 10mg/L, 유량 : 5m³/s
- 온도 : 20℃
- 다른 유입 유량 없음

해 $BOD_{1.157} = BOD_o \cdot 10^{-kt} = 10.264 \cdot 10^{-0.1 \cdot 1.157} = 7.86 mg/L$

$BOD_o = \dfrac{C_1 Q_1 + C_2 Q_2}{Q_1 + Q_2} = \dfrac{(200 \cdot 600 + 10 \cdot 432{,}000)mg \cdot m^3 \cdot d}{L \cdot d \cdot (600 + 432{,}000)m^3} = 10.264 mg/L$

$Q_2 = \dfrac{5m^3 \cdot (60 \cdot 60 \cdot 24)s}{s \cdot d} = 432{,}000 m^3/d$

$t = \dfrac{10^4 m \cdot s \cdot d}{0.1m \cdot (60 \cdot 60 \cdot 24)s} = 1.157 d$

답 7.86mg/L

041 ☆☆

폐수 BOD 측정을 위해 검수에 식종희석수를 넣어 5배로 희석하여 20℃ 부란기에 넣어 5일간 배양했다. 희석검수의 처음 DO는 9mg/L, 5일 뒤 DO는 3.5mg/L였다. 사용된 식종희석액은 희석액 1L에 대해 생하수 1mL 비율로 가한 것이며 생하수를 별도로 30배 희석해 BOD 측정 결과 배양 전 DO 7mg/L, 배양 후 DO 4mg/L였다. 이 공장폐수 BOD(mg/L)를 구하시오.

해 $C_{mix} = \dfrac{C_1 V_1 + C_2 V_2}{V_1 + V_2} \rightarrow 5.5 = \dfrac{0.09 \cdot 4 + C_2 \cdot 1}{4 + 1} \rightarrow 5.5 \cdot 5 - 0.09 \cdot 4 = C_2 = 27.14 mg/L$

$C_{mix} = 9 - 3.5 = 5.5 mg/L$

$C_1 = (D_1 - D_2)P = (7 - 4) \cdot 30 = 90 mg/L$

→ 희석액 1L에 생하수 1mL → 1,000배 희석 → $\dfrac{90}{1{,}000} mg/L = 0.09 mg/L$

5배? → 원시료 1L, 식종희석수 4L → $V_1 = 4L, V_2 = 1L$

답 27.14mg/L

042 ☆☆

BOD 300mg/L, 유량 200L/s에 대한 폐수처리 계획 수립하려 할 때 물음에 답하시오.

- 공장폐수 - BOD : 200kg/d, 유량 : 15L/s
- 인구 : 50,000명

1. 공장폐수 BOD농도(mg/L)   2. 생활폐수 BOD부하량(g/d·인)

해 1. $BOD농도 = \dfrac{BOD}{유량} = \dfrac{200kg \cdot s \cdot 10^6 mg \cdot d}{d \cdot 15L \cdot kg \cdot (60 \cdot 60 \cdot 24)s} = 154.32 mg/L$

2. 생활폐수 BOD 부하량 = 전체 BOD 부하량 − 공장폐수 BOD 부하량
$= 5,184 - 200 = 4,984 kg/d \rightarrow \dfrac{4,984 \cdot 10^3 g}{d \cdot 4 \cdot 50,000인} = 24.92 g/d \cdot 인$

전체 BOD 부하량 $= \dfrac{300mg \cdot 200L \cdot kg \cdot (60 \cdot 60 \cdot 24)s}{L \cdot s \cdot 10^6 mg \cdot d} = 5,184 kg/d$

공장폐수 BOD 부하량 $= 200 kg/d$

답 1. 154.32mg/L   2. 24.92g/d·인

043 ☆

다음 조건으로 농축슬러지 처리하는 소화조의 물음에 대한 답변을 하시오.

- 인구 : 100,000인
- 슬러지 함수율 : 95%
- 슬러지 비열 : $4 \cdot 10^3 kJ/m^3 \cdot ℃$
- 소화조 운전온도 : 30℃
- 소화조 체류시간 : 25d(30℃)
- 인구당 SS량 : $0.15 kg$ 건조SS/인·d
- 슬러지 비중 : 1.02
- 연 평균온도 : 10℃
- 소화조 열손실량 : $0.5℃/d$

1. 소화조 부피(m^3)   2. 열 공급량(kJ/d)

해 1. $V = Q \cdot t = 294.118 \cdot 25 = 7,352.95 m^3$

$Q = \dfrac{인구 \cdot SS량}{(1 - 함수율) \cdot 비중} = \dfrac{10^5 인 \cdot 0.15 kg \cdot m^3}{인 \cdot d \cdot (1 - 0.95) \cdot 1,020 kg} = 294.118 m^3/d$

$t = 25d$

2. 열 공급량 = 비열 · 유량 · △온도
$= \dfrac{4 \cdot 10^3 kJ \cdot 294.118 m^3 \cdot (30 - 10 + 12.5)℃}{m^3 \cdot ℃ \cdot d} = 38,235,340 kJ/d$

$12.5 = \dfrac{0.5℃ \cdot 25d}{d}$

답 1. $7,352.95 m^3$ 2. $38,235.340 kJ/d$

044 ☆

다음 조건으로 농축시설의 물음에 대한 답변을 쓰시오.

• 유량: $50,000m^3/d$	• 1차 슬러지량: $200m^3/d$	• 2차 슬러지량: $650m^3/d$
• 농축시간: 12h	• 1차 슬러지 함수율: 98%	• 2차 슬러지 함수율: 99%
• 농축슬러지 함수율: 96%	• 고형물 부하량: $80kg/m^2 \cdot d$	• 슬러지 비중: 1

1. 농축시설 유효용적(m^3) 2. 농축시설 소요 수면적(m^2) 3. 농축 슬러지량(m^3/d)

해 1. $V = Q \cdot t = \dfrac{(200+650)m^3 \cdot 12h \cdot d}{d \cdot 24h} = 425m^3$

2. $A = \dfrac{\text{고형물 발생량}}{\text{고형물 부하량}} = \dfrac{10,500kg \cdot m^2 \cdot d}{d \cdot 80kg} = 131.25m^2$

   고형물 발생량 = (1차 슬러지량 · (1 - 함수율) + 2차 슬러지량 · (1 - 함수율)) · 비중
   $= \dfrac{(200 \cdot (1-0.98) + 650 \cdot (1-0.99))m^3 \cdot 1,000kg}{d \cdot m^3}$
   $= 10,500 kg/d$

3. $\dfrac{10,500kg \cdot m^3}{d \cdot (1-0.96) \cdot 1,000kg} = 262.5 m^3/d$

답 1. $425m^3$ 2. $131.25m^2$ 3. $262.5m^3/d$

045 ☆☆

다음 조건에서 침전지 소요직경(m)과 높이(m)를 구하시오.

| • 인구수: 20,000인 | • 유량: $0.45m^3/$인$\cdot d$ | • 체류시간: 3h | • 표면부하율: $40m^3/m^2 \cdot d$ |

해 -소요직경

$Q = VA = V \cdot \dfrac{\pi}{4}D^2 \rightarrow D = \sqrt{\dfrac{4Q}{\pi V}} = \sqrt{\dfrac{4 \cdot 0.45m^3 \cdot 20,000\text{인} \cdot m^2 \cdot d}{\text{인} \cdot d \cdot \pi \cdot 40m^3}} = 16.93m$

-높이

$V = Q \cdot t = \dfrac{0.45m^3 \cdot 20,000\text{인} \cdot 3h \cdot d}{\text{인} \cdot d \cdot 24h} = 1,125m^3 = \pi r^2 h \rightarrow h = \dfrac{1,125}{\pi \cdot (\frac{16.93}{2})^2} = 5m$

※소요직경의 V(유속, Velocity)와 높이의 V(부피, Volume)는 다릅니다!

답 소요직경: $16.93m$ 높이: $5m$

046 ☆

직사각형 침전조에서 슬러지 스크레이퍼 장치가 2개 이용되었을 때 다음 물음에 답하시오.

• 표면부하율: $25m^3/m^2 \cdot d$ • 체류시간: 6h   • 침전조 길이:폭=2:1   • 유량: $30,000m^3/d$

1. 침전조 폭(m)   2. 침전조 길이(m)   3. 침전조 수심(m)

해 1. 표면부하율 $= \dfrac{Q}{A} \rightarrow A = \dfrac{Q}{표면부하율} = \dfrac{30,000m^3 \cdot m^2 \cdot d}{d \cdot 25m^3} = 1,200m^2$
   $\rightarrow 1,200m^2 =$ 길이 • 폭 $= (2폭) \cdot 폭 \rightarrow 2폭^2 = 1,200 \rightarrow 폭 = \sqrt{600} = 24.49m$
2. 길이=2•폭=2•24.49=48.98m
3. 수심 $= \dfrac{Qt}{폭 \cdot 길이} = \dfrac{30,000m^3 \cdot 6h \cdot d}{d \cdot 24.49m \cdot 48.98m \cdot 24h} = 6.25m$

답 1. 24.49m   2. 48.98m   3. 6.25m

047 ☆☆

물 깊이가 너비의 1.3배인 정방형(정사각형) 급속 혼합조에 $800m^3/d$로 유입되는 폐수를 처리하기 위한 체류시간 40s인 급속혼합조의 유효수심(m), 폭(m)을 구하시오.

해 $V = Q \cdot t = \dfrac{800m^3 \cdot 40s \cdot d}{d \cdot 60 \cdot 60 \cdot 24s} = 0.37m^3$

너비: X, 깊이: $1.3X \rightarrow 1.3X \cdot X \cdot X = 0.37m^3 \rightarrow X = (\dfrac{0.37}{1.3})^{\frac{1}{3}} = 0.66m$

답 폭: 0.66m   유효수심: 1.3 • 0.66 = 0.86m

048 ☆☆

폐수량 변동은 표와 같으며 평균 유량 조건하에서 저류지 체류시간이 7시간이라면 08시에서 20시까지의 저류지 평균 체류시간을 구하시오.

일중시간(시)	0	2	4	6	8	10	12	14	16	18	20	22
평균유량 백분율(%)	87	77	69	66	88	102	125	138	148	150	148	99

해 08~20시 평균유량 = $\dfrac{(0.88+1.02+1.25+1.38+1.48+1.5+1.48) \cdot Q}{7} = 1.284Q$

$V = Q \cdot t \rightarrow Q \cdot 7h = 1.284Q \cdot t$

$t = \dfrac{7}{1.284} = 5.45h$

답 5.45h

049 ☆☆☆☆

반감기가 2h인 반응에서 물질 농도가 900mg/L에서 9mg/L로 감소하는 데 걸리는 시간(h)을 구하시오. (1차 반응)

해 $\ln(\dfrac{C_t}{C_o}) = -k \cdot t \rightarrow t = -\dfrac{\ln(\dfrac{C_t}{C_o})}{k} = -\dfrac{\ln(\dfrac{9}{900})}{0.347} = 13.27h$

반감기 = $\ln(\dfrac{50}{100}) = -k \cdot 2h \rightarrow k = -\dfrac{\ln(\dfrac{50}{100})}{2h} = 0.347h^{-1}$

답 13.27h

050 ☆

완전혼합 반응기와 압출류형 반응기(PFR)에서 Alum 양을 90% 감소시키는데 걸리는 체류시간(분)을 구하시오. 1차반응이고, Alum 주입량 50mg/L, 속도상수 k 100d^{-1}이다.

해 완전혼합(CFSTR) → $t = \dfrac{C_i - C_o}{k \cdot C_o} = \dfrac{(50-5)mg \cdot d \cdot L \cdot (60 \cdot 24)min}{L \cdot 100 \cdot 5mg \cdot d} = 129.6min$

압출류형(PFR) → $\ln\dfrac{C_o}{C_i} = -kt \rightarrow t = -\dfrac{\ln\dfrac{C_o}{C_i}}{k} = -\dfrac{\ln\dfrac{5}{50} \cdot d \cdot (60 \cdot 24)min}{100 \cdot d} = 33.16min$

t : 체류시간 C_i : 유입농도 C_o : 유출농도 k : 속도상수

답 완전혼합 반응기: 129.6분 압출류형 반응기: 33.16분

051 ☆☆

오염물 초기농도의 60%가 감소되었을 때 CFSTR의 체류시간은 PFR의 체류시간의 몇 배인지 구하시오.(1차 반응, 자연상수 기준)

해 $CFSTR$ 체류시간 $= \dfrac{C_i - C_o}{k \cdot C_o} = \dfrac{C_i - 0.4C_i}{k \cdot 0.4C_i} = \dfrac{1.5}{k}$

PFR 체류시간 $\to \ln\dfrac{C_o}{C_i} = -kt \to t = -\dfrac{\ln(\dfrac{C_o}{C_i})}{k} = -\dfrac{\ln(\dfrac{0.4C_i}{C_i})}{k} = \dfrac{0.916}{k}$

$\to \dfrac{CFSTR}{PFR} = \dfrac{1.5}{0.916} = 1.64$

답 1.64배

052 ☆

다음 조건으로 탈산소계수k(d^{-1})를 구하시오.(상용대수 기준이며 1차 반응이다.)

	하천		
A	----------------------------------		B
A지점 BOD : 6mg/L	AB지점간 거리 : 500m	유속 : 10m/min	B지점 BOD : 5.5mg/L

해 $\log\dfrac{C_t}{C_o} = -kt \to k = -\dfrac{\log\dfrac{C_t}{C_o}}{t} = -\dfrac{\log\dfrac{5.5}{6}}{0.035d} = 1.08d^{-1}$

$t = \dfrac{500m \cdot min \cdot d}{10m \cdot (60 \cdot 24)\text{min}} = 0.035d$

답 $1.08d^{-1}$

053 ☆☆

다음 조건에서 필요한 염소 주입량(kg/d)를 구하시오.(1차 반응, PFR반응)

- 유량: $1.5 \cdot 10^4 m^3/d$ • 유리잔류염소: 2mg/L   • 염소 소멸률: $0.2\,h^{-1}$ • 접촉시간: 2h

해 $\ln\left(\dfrac{C_t}{C_o}\right) = -kt \to \dfrac{C_t}{C_o} = e^{-kt} \to C_o = \dfrac{C_t}{e^{-kt}} = \dfrac{2mg}{L \cdot e^{-\frac{0.2 \cdot 2h}{h}}} = 2.984 mg/L$

$\to \dfrac{2.984 mg \cdot 1.5 \cdot 10^4 m^3 \cdot kg \cdot 1,000 L}{L \cdot d \cdot 10^6 mg \cdot m^3} = 44.76 kg/d$

답 44.76kg/d

054 ☆☆☆☆☆

회분식 반응조에서 오염물 제거율이 98%가 되게 할 때 적용 체류시간(h)을 구하시오. 단, k = 0.35/h, 1차 반응이다.

해 $\ln\left(\dfrac{C_t}{C_0}\right) = -kt \to \ln\left(\dfrac{2}{100}\right) = -0.35t \to t = 11.18h$

답 11.18h

055 ☆

잔류염소 농도: 0.35mg/L에서 5분 만에 90%의 세균이 사멸되었다면 99% 살균을 위해서는 몇 분의 시간이 필요한지 구하시오.(사멸반응: 1차 반응)

해 $\ln\left(\dfrac{C_t}{C_o}\right) = -k \cdot t \to \ln\left(\dfrac{10}{100}\right) = -k \cdot 5 \to k = 0.461 \min^{-1}$

$\ln\left(\dfrac{1}{100}\right) = -0.461 \cdot t \to t = 9.99 \min$

답 9.99분

056

다음 조건에서 접촉조 소요 길이(m)를 구하시오.

- 유입 유량: $1m^3/s$
- 접촉조 폭: 2m
- 접촉조 수심: 2m
- 살균률: 95%
- 살균반응속도상수(k): $0.1/min^2$ (자연대수 기준)
- 살균반응식: $\frac{dN}{dt} = -k \cdot N \cdot t$
- PFR로 가정

해 $\frac{dN}{dt} = -k \cdot N \cdot t \rightarrow \int_0^t \frac{1}{N} dN = -k \cdot t \, dt \rightarrow \ln N_t - \ln N_0 = -\frac{kt^2}{2}$

$\rightarrow \ln(\frac{N_t}{N_0}) = -\frac{kt^2}{2} \rightarrow t = \sqrt{-\frac{2 \cdot \ln(\frac{N_t}{N_0})}{k}} = \sqrt{-\frac{2 \cdot \ln(\frac{5}{100}) \cdot min^2}{0.1}} = 7.74min$

$V = Q \cdot t = \frac{1m^3 \cdot 7.74min \cdot 60s}{s \cdot min} = 464.4m^3$

$464.4m^3$ = 폭(=2m)·수심(=2m)·길이 → 길이=116.1m

답 116.1m

057

다음 조건에서 저수지 유해물 농도가 50mg/L에서 2mg/L로 변할 때까지 걸리는 시간(년)을 구하시오. 저수지는 유입, 유출량은 강우량에만 의존한다. 또한 자연대수 기준이다.

- 저수량: $30,000m^3$
- 저수지 면적: 1.2ha
- 연평균 강우량: 1,200mm/yr
- 유해물 투입 전 유해물 농도: 0mg/L
- 물 밀도: $1ton/m^3$
- 저수지: 완전 혼합상태, CFSTR로 가정
- 오염물질은 저수지 내 다른 물질과 미반응

해 $\ln\frac{C_t}{C_0} = -\frac{Q}{V} \cdot t \rightarrow t = -\frac{\ln\frac{C_t}{C_0} \cdot V}{Q} = -\frac{\ln\frac{2}{50} \cdot 30,000m^3 \cdot yr}{14,400m^3} = 6.71yr$

$Q = $ 강우량 · 저수지 면적 $= \frac{1,200mm \cdot 1.2ha \cdot m \cdot 0.01km^2 \cdot (1,000m)^2}{yr \cdot 1,000mm \cdot ha \cdot km^2} = 14,400m^3/yr$

$100ha = 1km^2$

답 6.71년

058 ☆

유입량 1,000m³/d, 유출량 1,000m³/d인 용량 10⁵m³의 호수 상류부에 신설 공장에서 염소이온이 배출된다. 호수 내 염소이온 농도가 500mg/L로 변화하는데 걸리는 소요시간(d)를 구하시오. 또한 자연대수 기준이다.

- 공장 신설 전 염소이온 농도: 40mg/L
- 저수지: 완전 혼합상태, CFSTR로 가정
- 공장 신설 후 염소이온 부하량: 1,100kg/d
- 염소이온은 저수지 내 다른 물질과 미반응

[해] $\ln\dfrac{C_i - C_t}{C_i - C_o} = -\dfrac{Q}{V} \cdot t \rightarrow t = -\dfrac{\ln\dfrac{C_i - C_t}{C_i - C_o} \cdot V}{Q} = -\dfrac{\ln\dfrac{1,100 - 500}{1,100 - 40} \cdot 10^5 m^3 \cdot d}{1,000 m^3} = 56.91d$

$C_i = \dfrac{1,100 kg \cdot d \cdot 10^6 mg \cdot m^3}{d \cdot 1,000 m^3 \cdot kg \cdot 10^3 L} = 1,100 mg/L$

[답] 56.91d

059 ☆☆

완전혼합 염소 접촉실을 직렬방식으로 연결해 오수 시료 중 박테리아수를 $10^6 mL^{-1}$에서 $15 mL^{-1}$ 이하로 감소하려 할 때 필요한 접촉실 개수를 구하시오. (1차 반응, 제거율 상수: $6.5 h^{-1}$, 체류시간: 20분)

[해] $\ln(\dfrac{C_t}{C_o}) = n \cdot \ln(\dfrac{1}{1+kt}) \rightarrow n = \dfrac{\ln(\dfrac{C_t}{C_o})}{\ln(\dfrac{1}{1+kt})} = \dfrac{\ln(\dfrac{15}{10^6})}{\ln(\dfrac{1}{1 + \dfrac{6.5 \cdot 20min \cdot h}{h \cdot 60min}})} = 9.636 ≒ 10개$

[답] 10개

060 ☆

같은 부피의 CFSTR 세 개가 연속으로 있을 때 다음 조건을 이용해 물음에 대한 답변을 하시오.(1차 반응)

- 유입수 농도: 150mg/L
- 속도상수: $0.25h^{-1}$
- 유량: $0.2 m^3/min$
- 세 개의 반응기를 거친 유출수 농도: 8mg/L

1. 세 반응기 체류시간 합(h)   2. 세 반응기 부피 합(m^3)

[해] 1. $\dfrac{C_t}{C_o} = (\dfrac{1}{1+kt})^n \rightarrow (\dfrac{C_t}{C_o})^{\frac{1}{n}} = \dfrac{1}{1+kt} \rightarrow 1+kt = (\dfrac{C_t}{C_o})^{-\frac{1}{n}}$

$\rightarrow t = \dfrac{(\dfrac{C_t}{C_o})^{-\frac{1}{n}} - 1}{k} = \dfrac{(\dfrac{8}{150})^{-\frac{1}{3}} - 1}{0.25} = 6.627h, \ 6.627h \cdot 3개 = 19.88h$

2. $V = Q \cdot t = \dfrac{0.2m^3 \cdot 19.88h \cdot 60min}{min \cdot h} = 238.56 m^3$

[답] 1. 19.88h   2. $238.56 m^3$

061 ☆☆☆☆☆

다음 조건에서 CFSTR 부피(m^3)를 구하시오.(1차 반응이며 정상상태이다.)

- 효율: 95%   • 속도상수: $0.05h^{-1}$ • 유입유량: 300L/h   • 유입농도: 160mg/L

[해] $V = \dfrac{Q \cdot (C_0 - C_t)}{k \cdot C_t} = \dfrac{300L \cdot (160-8)mg \cdot h \cdot L \cdot m^3}{h \cdot L \cdot 0.05 \cdot 8mg \cdot 1,000L} = 114 m^3$

$C_t = C_0(1-\eta) = 160 \cdot (1-0.95) = 8mg/L$

[답] $114 m^3$

062 ☆☆☆☆☆☆☆

다음 조건에서 CSTR 부피(m^3)를 구하시오.(0.5차 반응이며 정상상태이다.)

| • 효율: 95% • 속도상수: $0.05(mg/L)^{0.5}/h$ • 유입유량: 300L/h • 유입농도: 150mg/L |

해 $V = \dfrac{Q \cdot (C_0 - C_t)}{k \cdot C_t^{0.5}} = \dfrac{0.3m^3 \cdot (150 - 7.5)mg \cdot L^{0.5} \cdot h \cdot L^{0.5}}{h \cdot L \cdot 0.05mg^{0.5} \cdot (7.5mg)^{0.5}} = 312.2m^3$

$C_t = C_0(1-\eta) = 150 \cdot (1-0.95) = 7.5\text{mg/L}$

답 $312.2m^3$

063 ☆☆

온도보정계수 $\theta = 1.062$ 이고, 2차 반응에 따라 붕괴하는 초기농도: $3 \cdot 10^{-4}M$ 인 오염물질의 속도상수(20℃): $106.8 L/mol \cdot h$ 일 때 다음 물음에 답하시오.

| 1. 2시간 후 물질 농도(M)   2. 온도가 30℃로 상승 시 2시간 뒤 농도(M) |

해 1. $\dfrac{1}{C_t} - \dfrac{1}{C_o} = kt \rightarrow C_t = \dfrac{C_o}{2kC_o + 1} = \dfrac{3 \cdot 10^{-4}}{2 \cdot 106.8 \cdot 3 \cdot 10^{-4} + 1} = 2.82 \cdot 10^{-4} M$

2. $\dfrac{1}{C_t} - \dfrac{1}{C_o} = kt \rightarrow C_t = \dfrac{C_o}{2kC_o + 1} = \dfrac{3 \cdot 10^{-4}}{2 \cdot 194.902 \cdot 3 \cdot 10^{-4} + 1} = 2.69 \cdot 10^{-4} M$

$k_T = k_{20℃} \cdot 1.062^{(T-20)} \rightarrow k_{30℃} = 106.8 \cdot 1.062^{(30-20)} = 194.902 L/mol \cdot h$

답 1. $2.82 \cdot 10^{-4} M$ 2. $2.69 \cdot 10^{-4} M$

064 ☆☆☆☆☆☆☆

다음 조건에서 36시간 흐른 뒤 하류에서의 DO농도(mg/L)를 구하시오.(단, 상용대수 기준)

- 포화 용존산소농도: 10mg/L
- DO농도: 5mg/L
- 탈산소계수: $0.1d^{-1}$
- 재포기계수: $0.2d^{-1}$
- BOD_U: 10mg/L

해
$$D_t = \frac{k_1}{k_2 - k_1} L_0 (10^{-k_1 t} - 10^{-k_2 t}) + D_0 \cdot 10^{-k_2 t}$$

$$= \frac{0.1}{0.2 - 0.1} \cdot 10(10^{-0.1 \cdot 1.5} - 10^{-0.2 \cdot 1.5}) + 5 \cdot 10^{-0.2 \cdot 1.5} = 4.574\text{mg/L}$$

$t = \dfrac{36h \cdot d}{24h} = 1.5d$

$D_0 = 10-5 = 5\text{mg/L}$

4.574는 부족농도이니 10-4.574=5.43mg/L

D_t : t시간 후 용존산소 부족농도 D_c : 임계부족농도 D_o : 초기부족농도
t_c : 임계시간 L_o : 최초BOD_u k_1 : 탈산소계수 k_2 : 재폭기계수 f : 자정계수$(= \dfrac{k_2}{k_1})$

답 5.43mg/L

065

아래 그림과 다음 조건으로 물음에 대한 답변을 구하시오.

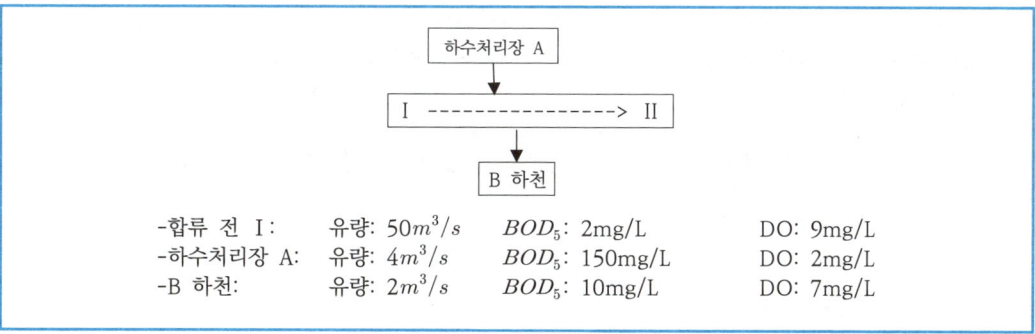

- k_1 : $0.15d^{-1}$
- k_2 : $0.2d^{-1}$
- 길이 : 20km
- 유속 : 0.8m/s
- I, II 구간 포화 DO : 9.5mg/L, k_1, k_2 동일
- DO 계산 : Streeter phelps 식 이용(밑은 자연대수)

1. BOD_5 를 3mg/L를 만족시키는 하수처리장의 BOD_5 최소 제거율(%)
2. 1.항의 기준을 만족할 때 II 의 DO농도(mg/L)

해 1. $\eta(\%) = (1 - \dfrac{C_o}{C_i}) \cdot 100 = (1 - \dfrac{12}{150}) \cdot 100 = 92\%$

$C_o \to 3 = \dfrac{50 \cdot 2 + 4 \cdot C_3 + 10 \cdot 2}{50 + 4 + 2} \to C_3 = 12mg/L$

$C_i = 150mg/L$

2. $9.5 - 1.245 = 8.26mg/L$

$D_t = \dfrac{k_1}{k_2 - k_1} L_0 (e^{-k_1 t} - e^{-k_2 t}) + D_o \cdot e^{-k_2 t}$

$= \dfrac{0.15}{0.2 - 0.15} \cdot 5.686 (e^{-0.15 \cdot 0.289} - e^{-0.2 \cdot 0.289}) + 1.071 \cdot e^{-0.2 \cdot 0.289}$

$= 1.245 mg/L$

$k_1 = 0.15d^{-1}$
$k_2 = 0.2d^{-1}$

$L_0 = \dfrac{BOD_5}{1 - e^{-k_1 t}} = \dfrac{3}{1 - e^{-0.15 \cdot 5}} = 5.686 mg/L$

$t = \dfrac{20,000m \cdot s \cdot d}{0.8m \cdot 60 \cdot 60 \cdot 24s} = 0.289d$

$D_0 = 9.5 - \dfrac{50 \cdot 9 + 4 \cdot 2 + 2 \cdot 7}{50 + 4 + 2} = 1.071 mg/L$

D_t : t시간 후 용존산소 부족농도 D_c : 임계부족농도 D_o : 초기부족농도
t_c : 임계시간 L_o : 최초BOD_u k_1 : 탈산소계수 k_2 : 재폭기계수 f : 자정계수($= \dfrac{k_2}{k_1}$)

답 1. 92% 2. 8.26mg/L

066 ☆☆

다음 조건으로 물음에 대한 답변을 하시오.(단, 상용대수기준, Streeter phelps 식 이용)

- 초기 용존산소 부족량: 3mg/L
- 탈산소계수: $0.4 d^{-1}$
- 최종BOD: 20mg/L
- 자정계수: 2.25

1. 임계시간(d) 2. 임계점의 산소부족량(mg/L)

해 1. $t_c = \dfrac{1}{k_1(f-1)} \log[f(1-(f-1)\dfrac{D_0}{L_0})]$

$= \dfrac{1 \cdot d}{0.4(2.25-1)} \log[2.25(1-(2.25-1)\dfrac{3}{20})] = 0.52d$

2. $D_c = \dfrac{L_0}{f} \cdot 10^{-k_1 \cdot t_c} = \dfrac{20}{2.25} \cdot 10^{-0.4 \cdot 0.52} = 5.51 mg/L$

D_t : t시간 후 용존산소 부족농도 D_c : 임계부족농도 D_o : 초기부족농도
t_c : 임계시간 L_o : 최초BOD_u k_1 : 탈산소계수 k_2 : 재폭기계수 f : 자정계수($=\dfrac{k_2}{k_1}$)

답 1. 0.52d 2. 5.51mg/L

067 ☆☆

하천에서 폐수가 유입되고 있고, 폐수 방류지점에서 혼합은 이상적으로 이뤄지고 있다. 혼합수 수질 및 조건이 주어졌을 때 다음을 구하시오.(단, 자연대수 기준)

- DO농도 : 5mg/L
- DO포화농도 : 10mg/L
- 재포기계수 : $0.2d^{-1}$
- 탈산소계수 : $0.1d^{-1}$
- 최종 BOD농도 : 20mg/L

1. 2일 후 DO농도(mg/L)
2. 혼합 후 최저 DO농도가 나타내는 임계시간(d)
3. 최저 DO농도(mg/L)

해

1. 2일 후 DO농도 $= DO$포화농도 $- D_2 = 10 - 6.32 = 3.68 mg/L$

$$D_t = \frac{k_1}{k_2 - k_1} L_0 (e^{-k_1 t} - e^{-k_2 t}) + D_o \cdot e^{-k_2 t}$$

$$\rightarrow D_2 = \frac{0.1}{0.2 - 0.1} \cdot 20 (e^{-0.1 \cdot 2} - e^{-0.2 \cdot 2}) + 5 \cdot e^{-0.2 \cdot 2} = 6.32 mg/L$$

$k_1 = 0.1$
$k_2 = 0.2$
$L_0 = 20 mg/L$
$t = 2$
$D_0 = 10 - 5 = 5 mg/L$

2. $t_c = \frac{1}{k_1(f-1)} \log[f(1-(f-1)\frac{D_0}{L_0})]$

$= \frac{1}{0.1 \cdot (2-1)} \log[2(1-(2-1)\frac{5}{20})] = 1.76 d$

$k_1 = 0.1$
$f = \frac{k_2}{k_1} = \frac{0.2}{0.1} = 2$
$D_0 = 10 - 5 = 5 mg/L$
$L_0 = 20 mg/L$

3. 최저 DO농도 $= DO$포화농도 $- D_c = 10 - 6.668 = 3.33 mg/L$

$$D_c = \frac{L_o}{f} \cdot 10^{-k_1 t_c} = \frac{20}{2} \cdot 10^{-0.1 \cdot 1.76} = 6.668 mg/L$$

$L_0 = 20 mg/L$
$f = 2$
$k_1 = 0.1$
$t_c = 1.76 d$

D_t : t시간 후 용존산소 부족농도 D_c : 임계부족농도 D_o : 초기부족농도

t_c : 임계시간 L_o : 최초 BOD_u k_1 : 탈산소계수 k_2 : 재폭기계수 f : 자정계수($= \frac{k_2}{k_1}$)

답 1. 3.68mg/L   2. 1.76d   3. 3.33mg/L

068 ☆

다음 조건으로 30℃의 BOD_5(mg/L)을 구하시오.

- 30℃의 BOD_U: 210mg/L
- 20℃의 속도상수 k_1=0.1d^{-1}
- θ: 1.05

해 $BOD_5 = BOD_U \cdot (1-10^{-k_1 t}) = 210 \cdot (1-10^{-0.163 \cdot 5}) = 177.85 mg/L$
$k_t = k_{20℃} \cdot \theta^{(t-20)} \rightarrow k_{30℃} = 0.1 \cdot 1.05^{(30-20)} = 0.163 d^{-1}$

답 177.85mg/L

069 ☆☆☆

다음 조건에서 2일 후 배양기 온도를 25℃로 조절했을 때 측정된 BOD_5를 구하시오. 상용대수 기준이다.

- 최종 BOD: 300mg/L
- 온도보정계수 θ: 1.047
- 속도상수: 0.13d^{-1}(20℃ 기준)
- 배양기 온도변화에 소모된 시간 무시

해 BOD_5=잔류BOD_2+소모BOD_3=164.862+111.759=276.62mg/L
소모$BOD_t = BOD_u(1-10^{-k_1 \cdot t}) \rightarrow BOD_2 = 300(1-10^{-0.13 \cdot 2})$=135.138mg/L
잔류BOD_2=300-135.138=164.862mg/L
소모$BOD_3 = 164.862(1-10^{-0.164 \cdot 3})$=111.759mg/L
25℃의 속도상수 $k_t = k_{20℃} \cdot \theta^{(t-20)}$=0.13 $\cdot$ 1.047$^{(25-20)}$=0.164

답 276.62mg/L

070 ☆☆

폐수 BOD_3 600mg/L, $NH_4^+ - N$ 10mg/L이다. 이 폐수를 활성슬러지공법으로 처리할 경우 첨가해야 할 N, P의 양(mg/L)을 구하시오.($k_1 = 0.2d^{-1}$, 상용대수 기준, BOD_5 : N : P = 100 : 5 : 1)

해 소모 $BOD_t = BOD_u(1 - 10^{-k_1 \cdot t})$ → $BOD_u = \dfrac{BOD_3}{1 - 10^{-k_1 t}} = \dfrac{600}{1 - 10^{-0.2 \cdot 3}} = 801.27 mg/L$

→ $BOD_5 = 801.27 \cdot (1 - 10^{-0.2 \cdot 5}) = 721.143 mg/L$

BOD_5 : N : P → 100 : 5 : 1 = 721.143 : 36.057 : 7.211

N=36.057-10(=질소 존재값)=26.057mg/L, P=7.211mg/L

답 첨가해야 할 N의 양: 26.06mg/L, P의 양: 7.21mg/L

071 ☆

다음 조건으로 물음에 대한 답변을 쓰시오.

- 유입 BOD : 200mg/L
- 유량 : 300m^3/d
- 제1실 용량 : BOD부하 0.5$kg/m^3 \cdot d$
- 유출 BOD : 50mg/L
- 유효용량 : BOD부하 0.3$kg/m^3 \cdot d$

1. 총 유효용적(m^3) 2. 제1실 용적(m^3) 3. 제2실 용적(m^3)

해 BOD부하량 = $\dfrac{BOD \cdot Q}{V}$ → $V = \dfrac{BOD \cdot Q}{BOD부하}$

총 유효용적 $V_t = \dfrac{BOD \cdot Q}{BOD부하} = \dfrac{200mg \cdot 300m^3 \cdot m^3 \cdot d \cdot 1,000L \cdot kg}{L \cdot d \cdot 0.3kg \cdot m^3 \cdot 10^6 mg} = 200m^3$

제 1실 용적 $V_1 = \dfrac{BOD \cdot Q}{BOD부하} = \dfrac{200mg \cdot 300m^3 \cdot m^3 \cdot d \cdot 1,000L \cdot kg}{L \cdot d \cdot 0.5kg \cdot m^3 \cdot 10^6 mg} = 120m^3$

제 2실 용적 $V_2 = \dfrac{BOD \cdot Q}{BOD부하} = 200-120 = 80m^3$

답 1. 200m^3 2. 120m^3 3. 80m^3

072 ☆☆

300mL BOD병에 60mL의 시료를 넣고 나머지 부분은 희석수로 채운 후 BOD실험을 진행했다. 초기 DO농도 8mg/L, 5일 후 DO농도 5mg/L일 때 시료 BOD농도(mg/L)를 구하시오.

해 BOD=$(D_1 - D_2) \cdot P$=(8-5)·5=15mg/L, $P = \frac{300}{60} = 5$
D_1: 초기 용존산소(DO)농도 D_2: 5일 배양후 용존산소 농도   P: 희석배수

답 15mg/L

073 ☆☆☆☆☆

다음 조건에서 미생물 평균 체류시간(d)을 구하시오.

- 유량: $10,000 m^3/d$
- 슬러지 폐기량: $50 m^3/d$
- 폐기슬러지 MLVSS농도: 15,000mg/L
- 포기조 부피: $2,500 m^3$
- 포기조 내 MLVSS농도: 3,000mg/L
- 유출수 VSS농도: 40mg/L

해 $SRT = \frac{VX}{X_r Q_w + X_e(Q - Q_w)} = \frac{2,500 m^3 \cdot 3,000 mg \cdot L \cdot d}{L \cdot (15,000 \cdot 50 + 40 \cdot (10,000 - 50)) \cdot mg \cdot m^3} = 6.53 d$

SRT: 고형물체류시간(=MCRT) V: 용적 X: MLSS농도 X_r: 반송슬러지 고형물농도
Q_w: 폐슬러지 유량 X_e: 유출 고형물농도 Q: 유입유량 $MLVSS$: 미생물농도
보통 미생물 농도는 MLSS보다는 MLVSS로 취급합니다!

답 6.53d

074

다음 처리장 조건으로 물음에 답변하시오.

- 처리유량: $2,500 m^3/d$
- 체류시간: 6h
- 유입 BOD농도: 250mg/L
- 내생호흡계수(k_d): $0.05 d^{-1}$
- MLSS농도: 3,000mg/L
- 제거율: 90%
- 생성수율(Y, 세포생산계수): 0.8
- 완전혼합형 활성슬러지법

1. 세포체류시간(SRT)(d) 2. F/M비(d^{-1}) 3. 슬러지 생산량(kg/d)

해 1.
$$\frac{1}{SRT} = \frac{Y \cdot (C_i - C_o)}{t \cdot X} - k_d = \frac{0.8 \cdot (250 - 250 \cdot 0.1) mg \cdot L \cdot 24h}{L \cdot 6h \cdot 3,000mg \cdot d} - 0.05 d^{-1} = 0.19 d^{-1}$$
→ $SRT = \frac{1}{0.19} = 5.26 d$

2. $F/M = \frac{BOD \cdot Q}{V \cdot X} = \frac{BOD}{t \cdot X} = \frac{250mg \cdot L \cdot 24h}{L \cdot 6h \cdot 3,000mg \cdot d} = 0.33 d^{-1}$

3. 슬러지 생산량 $= Y \cdot (C_i - C_o) \cdot Q - k_d \cdot X \cdot V$

→ $\frac{0.8 \cdot (250 - 250 \cdot 0.1)mg \cdot 2,500m^3 \cdot 1,000L \cdot kg}{L \cdot d \cdot m^3 \cdot 10^6 mg} - \frac{0.05 \cdot 3,000mg \cdot 625m^3 \cdot 1,000L \cdot kg}{d \cdot L \cdot m^3 \cdot 10^6 mg}$

= 356.25kg/d

$V = Q \cdot t = \frac{2,500m^3 \cdot 6h \cdot d}{d \cdot 24h} = 625m^3$

SRT: 고형물체류시간 Y: 생성수율 X: MLSS농도 F/M: 유기물부하율

답 1. 5.26d   2. $0.33 d^{-1}$ 3. 356.25kg/d

075 ☆☆☆☆

완전혼합 활성슬러지 공정의 조건이 아래와 같을 때 다음을 구하시오.

- 포기조 유입유량: $0.3 m^3/s$
- 원폐수 BOD_5: 240mg/L
- 포기조 유입수 BOD_5 농도: 160mg/L
- 세포체류시간(SRT): 10d
- 유출수 BOD_5: 6mg/L
- MLVSS: 2,400mg/L
- VSS/TSS: 0.8
- Y: 0.5mg VSS/mg BOD_5
- 포기조 깊이: 5m
- k_d: $0.06 d^{-1}$
- BOD_5/BOD_U = 0.7

1. 포기조 부피(m^3) 2. 포기조 수리학적 체류시간(HRT, h) 3. 포기조 폭과 길이(폭 : 길이 = 1 : 2)

해

1. $\dfrac{1}{SRT} = \dfrac{Y \cdot (C_i - C_o) \cdot Q}{V \cdot X} - k_d \rightarrow (\dfrac{1}{SRT} + k_d) \cdot V = \dfrac{Y \cdot (C_i - C_o) \cdot Q}{X}$

   $\rightarrow V = \dfrac{Y \cdot (C_i - C_o) \cdot Q}{(\dfrac{1}{SRT} + k_d) \cdot X} = \dfrac{0.5 \cdot (160-6)mg \cdot 0.3m^3 \cdot L \cdot d \cdot 3,600 \cdot 24s}{L \cdot s \cdot (\dfrac{1}{10} + 0.06) \cdot 2,400mg \cdot d}$

   $= 5,197.5 m^3$

2. $V = Q \cdot t \rightarrow t = \dfrac{V}{Q} = \dfrac{5,197.5 m^3 \cdot s \cdot h}{0.3 m^3 \cdot 60 \cdot 60 s} = 4.81 h$

3. $A = \dfrac{5,197.5 m^3}{5m} = 1,039.5 m^2$

   → 길이 = 2폭 → 2폭 · 폭 = 1,039.5

   → 폭 = $\sqrt{\dfrac{1,039.5}{2}} = 22.8 m$, 길이 = 2 · 22.8 = 45.6 m

   SRT: 고형물체류시간 Y: 생성수율 X: MLSS농도

답 1. $5,197.5 m^3$ 2. 4.81h   3. 폭: 22.8m, 길이: 45.6m

076 ☆

유출수 허용기준은 총질소: 2mg/L, 평균미생물체류시간: 10d, MLSS: 1,500mg/L일 때 다음 조건으로 물음에 대한 답변을 하시오.(단, 유입수 내 유기물 영향 무시)

- 유량: $10,000m^3/d$
- 질소제거증식계수: 0.8
- 유입수DO: $5mg/L$
- 폐수 비중: 1
- 질산성 질소농도: 40mg/L(177mg/L as NO_3)
- k_d: $0.04d^{-1}$
- 유입수 부유물질: 10mg/L
- 메탄올 소비량: $2.47NO_3^{-}\text{-}N + 1.53NO_2^{-}\text{-}N + 0.87DO_i$

1. 반응조 부피(m^3)   2. 미생물 생성량(kg/d)   3. 메탄올 소비량(kg/d)

해 1. $\dfrac{1}{SRT} = \dfrac{Y \cdot (C_i - C_o) \cdot Q}{V \cdot X} - k_d \rightarrow V\left(\dfrac{1}{SRT} + k_d\right) = \dfrac{Y \cdot (C_i - C_o) \cdot Q}{X}$

$\rightarrow V = \dfrac{Y \cdot (C_i - C_o) \cdot Q}{\left(\dfrac{1}{SRT} + k_d\right) \cdot X} = \dfrac{0.8 \cdot (40-2) \cdot 10,000}{\left(\dfrac{1}{10} + 0.04\right) \cdot 1,500} = 1447.62 m^3$

2. $X_W \cdot Q_W = Y(C_i - C_o) \cdot Q - k_d \cdot X \cdot V$

$= \dfrac{0.8 \cdot (40-2)mg \cdot 10^4 m^3 \cdot kg \cdot 10^3 L}{L \cdot d \cdot 10^6 mg \cdot m^3} - \dfrac{0.04 \cdot 1,500mg \cdot 1,447.62m^3 \cdot kg \cdot 10^3 L}{d \cdot L \cdot 10^6 mg \cdot m^3}$

$= 217.14 kg/d$

3. $2.47NO_3^{-}\text{-}N + 1.53NO_2^{-}\text{-}N + 0.87DO_i = 2.47 \cdot 40 + 1.53 \cdot 0 + 0.87 \cdot 5 = 103.15 mg/L$

$\rightarrow \dfrac{103.15mg \cdot 10,000m^3 \cdot kg \cdot 1,000L}{L \cdot d \cdot 10^6 mg \cdot m^3} = 1,031.5 kg/d$

SRT: 고형물체류시간 Y: 생성수율 X_W: 폐슬러지 고형물 농도 Q_W: 폐슬러지 유량
X: MLSS농도

답 1. $1,447.62m^3$ 2. 217.14kg/d   3. 1,031.5kg/d

077 ☆☆☆☆☆

다음 조건으로 MLSS농도(mg/L)를 구하시오.

- 인구: 6,000인
- 유량: 400L/인·d
- 유입 BOD_5: 230mg/L
- BOD_5 제거율: 90%
- 생성계수: 0.5g MLVSS/g BOD_5
- 내호흡계수: $0.06d^{-1}$
- MLVSS: 0.7MLSS
- 반송비: 0.5
- 순슬러지 생산량: 0
- 총 고형물 중 생물분해 가능 분율: 0.8
- 산화구 반응시간: 1d

해 -MLSS농도

$Q_W X_W = Y \cdot BOD \cdot Q \cdot \eta - V \cdot k_d \cdot X$

→ $Q_W X_W = 0$(순슬러지 생산량), $0 = Y \cdot BOD \cdot Q \cdot \eta - 1.5Q \cdot t \cdot k_d \cdot X$

$V = 1.5Q \cdot t$(반송비가 0.5이니 유량에 1.5를 곱함)

→ $X = \dfrac{Y \cdot BOD \cdot \eta}{1.5t \cdot k_d} = \dfrac{0.5 \cdot 230mg \cdot 0.9 \cdot d}{L \cdot 1.5 \cdot 1d \cdot 0.06 \cdot 0.8 \cdot 0.7} = 2{,}053.57 mg/L$

Y: 생성수율 X_W: 폐슬러지 고형물 농도 Q_W: 폐슬러지 유량 X: MLSS농도

답 2,053.57mg/L

078 ☆☆☆☆☆☆☆

다음 조건으로 완전혼합활성슬러지 반응조 설계시 반응시간(h)을 구하시오.(1차 반응 기준)

- 유입수 COD: 950mg/L
- 유출수 COD: 120mg/L
- NBDCOD: 100mg/L
- MLSS농도: 3,000mg/L
- 속도상수: 0.55L/g·h(20℃ 기준)
- MLVSS: MLSS의 70%
- SS없음

해 $\theta = \dfrac{S_i - S_o}{S_o \cdot K \cdot X} = \dfrac{(850-20)mg \cdot L \cdot g \cdot h \cdot L \cdot 1{,}000mg}{L \cdot 20mg \cdot 0.55L \cdot 2{,}100mg \cdot g} = 35.93h$

S= COD-NBDCOD
S_i=950-100=850mg/L
S_o=120-100=20mg/L
X=3,000·0.7=2,100mg/L

답 35.93h

079 ☆☆☆☆

다음 조건으로 탈질에 사용되는 무산소조 체류시간(h)을 구하시오.

> - 유입수 NO_3-N 농도: 20mg/L
> - MLVSS농도: 2,000mg/L
> - 온도: 10℃
> - 유출수 NO_3-N 농도: 3mg/L
> - DO농도: 0.1mg/L
> - $U_{DN(20℃)} = 0.1d^{-1}$
> - $U'_{DN} = U_{DN} \cdot k^{(T-20)}(1-DO)$ (단, $k=1.09$)

해 $\theta = \dfrac{S_i - S_o}{U_{DN} \cdot X} = \dfrac{(20-3)mg \cdot d \cdot L \cdot 24h}{L \cdot 0.038 \cdot 2,000mg \cdot d} = 5.37h$

$U'_{DN} = U_{DN} \cdot k^{(T-20)}(1-DO) = 0.1 \cdot 1.09^{(10-20)} \cdot (1-0.1) = 0.038d^{-1}$

답 5.37h

---

080 ☆

다음 조건으로 온도보정계수(θ)를 구하시오.(상용로그 적용, 소수 네 번째 자리까지 계산)

> - T_1: 5℃   - k_1: $0.1d^{-1}$ - T_2: 15℃   - k_2: $0.2d^{-1}$

해 $k_2 = k_1 \cdot \theta^{(T_2-T_1)} \rightarrow 0.2 = 0.1 \cdot \theta^{(15-5)} \rightarrow 2 = \theta^{10} \rightarrow \log 2 = 10\log\theta$
$\rightarrow 0.030103 = \log\theta \rightarrow \theta = 10^{0.030103} = 1.0718$

답 1.0718

---

081 ☆☆☆

탈산소계수비율 $k_{20℃}/k_{10℃} = 1.7$ 이다. 20℃에서 탈산소계수가 $1.4d^{-1}$일 때 30℃에서 탈산소계수(d^{-1})를 구하시오.

해 $k_t = k_{20℃} \cdot \theta^{(t-20)} \rightarrow k_{30℃} = 1.4 \cdot 1.055^{(30-20)} = 2.39d^{-1}$
$k_{10℃} = k_{20℃} \cdot \theta^{(10-20)}$
$\dfrac{k_{10℃}}{k_{20℃}} = \theta^{-10} = \dfrac{1}{1.7} \rightarrow \theta = (\dfrac{1}{1.7})^{-0.1} = 1.055$

답 $2.39d^{-1}$

082 ☆

도시 하수처리 계통도 중 잘못 배열된 시설을 찾고 다음 조건으로 폭기조 용적(m^3)을 구하시오.

계통도
유입 → 침사지 → 스크린 → 1차 침전지 → 폭기조 → 2차 침전지 → 응집침전 → 부상분리 → 유출
조건
• 유량: 10,000m^3/d • F/M비: 0.5kgBOD/kgMLSS·d   • BOD농도: 500mg/L • SS농도: 700mg/L   • MLSS농도: 2,500mg/L

해
- 올바른 계통도
  유입 → 스크린 → 침사지 → 1차 침전지 → 폭기조 → 2차 침전지 → 응집침전 or 부상분리 → 유출
- 폭기조 용적

$$F/M비 = \frac{BOD \cdot Q}{V \cdot X} \rightarrow V = \frac{BOD \cdot Q}{F/M비 \cdot X} = \frac{500mg \cdot 10,000m^3 \cdot kg(MLSS) \cdot d \cdot L}{L \cdot d \cdot 0.5kg(BOD) \cdot 2,500mg}$$

$$= 4,000m^3$$

답 잘못된 부분: 스크린과 침사지 위치 바뀜/응집침전, 부상분리 중 하나 사용
폭기조 용적: 4,000m^3

083 ☆

하천 최소유량 50m^3/d, 평균유량 2,000m^3/d, 최대유량 6,000m^3/d일 때, 하천의 하상계수를 구하시오.

해 하상계수 = $\frac{Q_{max}}{Q_{min}} = \frac{6,000}{50} = 120$

답 120

084 ☆☆

다음 조건에서 산소전달계수(h^{-1})를 구하시오.

- 20℃ 포화용존산소농도: 8.7mg/L
- 용존 산소: 3mg/L
- 산소소비율: $0.835 mg/L \cdot min$

해 $K_{La} = \dfrac{\Upsilon}{C_s - C} = \dfrac{0.835mg \cdot L \cdot 60min}{L \cdot min \cdot (8.7-3)mg \cdot h} = 8.79 h^{-1}$

답 $8.79 h^{-1}$

085 ☆

포화용존산소농도 12mg/L인 활성슬러지조에서 물의 실 용존산소농도를 8mg/L에서 4mg/L로 낮출 경우 액상으로의 산소전달률은 몇 배 증가하는지 구하시오. 온도는 일정하다.

해 $\dfrac{dC}{dt} = K_{La}(C_s - C) \rightarrow \dfrac{K_{La}(12-4)}{K_{La}(12-8)} = 2 \rightarrow$ 2배 증가

답 2배 증가

086 ☆☆☆☆

1g의 박테리아가 하루에 폐수를 20g 분해하는 것으로 알려졌다. 실제 폐수농도가 15mg/L일 때 같은 양의 박테리아가 10g/d의 속도로 폐수를 분해한다면 폐수 농도: 5mg/L일 때, Michaelis – Menten식으로 3g의 박테리아에 의한 폐수 분해속도(g/d)를 구하시오.

해 $r = R_{\max} \cdot \dfrac{S}{K_m + S} = 20g/g \cdot d \cdot \dfrac{5}{15+5} = 5g/g \cdot d$

$\rightarrow \dfrac{5g \cdot 3g}{g \cdot d} = 15g/d$

r: 세포질량당 시간당 소비기질량 $R_{\max}$: 비증식속도최대치 S: 기질농도
K_m: 비증식속도최대치 반일때 기질농도

답 15g/d

087 ☆☆

다음 조건에서 Monod식에 의한 세포 비증식계수(U, h^{-1})를 구하시오.

- 배양기 제한기질농도(S): 100mg/L
- 제한기질 반포화농도(K_s): 40mg/L
- 세포최대 비증식계수(U_{max}): $0.35h^{-1}$

해 $U = U_{max} \cdot \dfrac{S}{K_s + S} = 0.35 \cdot \dfrac{100}{40 + 100} = 0.25h^{-1}$

U : 세포질량당 시간당 소비기질량 U_{max} : 비증식속도최대치 S : 기질농도
K_s : 비증식속도최대치 반일때 기질농도

답 $0.25h^{-1}$

088 ☆

SVI: 100이고, 반송슬러지 양 비율을 폭기조 유입수량에 대해 0.3으로 운전할 때 MLSS농도(mg/L)를 구하시오.

해 $X_r = \dfrac{10^6}{SVI} = \dfrac{10^6}{100} = 10^4 mg/L$

$R = \dfrac{X}{X_r - X} \rightarrow 0.3 = \dfrac{X}{10^4 - X} \rightarrow 0.3 \cdot 10^4 - 0.3 \cdot X = X \rightarrow X = 2,307.69 mg/L$

X_r : 슬러지 1L중 고형물 mg SVI : 고형물 1g이 만드는 슬러지 부피

답 2,307.69mg/L

089 ☆☆☆

MLSS: 4,000mg/L, SVI: 100인 슬러지 1L를 30분 동안 침강시킨 후 부피(mL)를 구하시오.

해 $SVI = \dfrac{SV_{30} \cdot 10^3}{MLSS} \rightarrow SV_{30} = \dfrac{SVI \cdot MLSS}{10^3} = \dfrac{100 \cdot 4,000}{10^3} = 400$

SVI : 고형물 1g이 만드는 슬러지 부피 SV_{30} : 30분간 침강후 차지하는 슬러지 부피

답 400mL

090 ☆

유출계수 0.8, 유역면적 10^4ha에 3시간 동안 10cm 비가 내렸을 때 합리식 이용해 유량(m^3/s)을 구하시오.

해 $Q = \dfrac{CIA}{360} = \dfrac{0.8 \cdot 33.333 \cdot 10^4}{360} = 740.73 m^3/s$

$I = \dfrac{100mm}{3h} = 33.333 mm/h$

Q: 우수량(m^3/s) C: 유출계수 I: 강우강도(mm/h) A: 배수면적(ha)

답 $740.73 m^3/s$

091 ☆☆☆

다음 조건에서 합리식 이용해 하수관에서 흘러나오는 우수량(m^3/s)을 구하시오.

- 유출계수: 0.7
- 강우강도(I): $\dfrac{3,600}{t(\min)+30}$ mm/hr
- 유입시간: 5분
- 유역면적: $2km^2$
- 하수관 내 유속: 40m/min
- 하수관 길이: 1km

해 $Q = \dfrac{CIA}{360} = \dfrac{0.7 \cdot 60 \cdot 200}{360} = 23.33 m^3/s$

$C = 0.7$

$I = \dfrac{3,600}{t+30} = \dfrac{3,600}{30+30} = 60 mm/hr$

$t = 유입시간 + \dfrac{하수관\ 길이}{유속} = 5\min + \dfrac{1,000m \cdot \min}{40m} = 30\min$

$A = \dfrac{2km^2 \cdot 100ha}{km^2} = 200ha$

Q: 우수량(m^3/s) C: 유출계수 I: 강우강도(mm/h) A: 배수면적(ha) $1km^2 = 100ha$

답 $23.33 m^3/s$

092 ☆

다음 조건에서 합리식 이용해 하수관에서 흘러나오는 우수량(m^3/s)을 구하시오.

- 유역면적: 120ha
- 유속: 1m/s
- 상업지구: 배수면적 1/2, 유출계수: 0.3
- 녹지: 배수면적 1/6, 유출계수: 0.1
- 유입시간: 5분
- 하수관 길이: 1,500m
- 주택지구: 배수면적 1/3, 유출계수: 0.5
- 강우강도: $\dfrac{5,000}{t(\min)+40}$ mm/hr

해 $Q = \dfrac{CIA}{360} = \dfrac{0.333 \cdot 71.429 \cdot 120}{360} = 7.93\,m^3/s$

$C = \dfrac{\Sigma \dfrac{A \cdot C}{A비율}}{A} = \dfrac{\dfrac{120 \cdot 0.3}{2} + \dfrac{120 \cdot 0.5}{3} + \dfrac{120 \cdot 0.1}{6}}{120} = 0.333$

$I = \dfrac{5,000}{t+40} = \dfrac{5,000}{30+40} = 71.429\,mm/h$

$t = 유입시간 + \dfrac{하수관\ 길이}{유속} = 5\min + \dfrac{1,500m \cdot s \cdot \min}{1m \cdot 60s} = 30\min$

A=120ha

Q: 우수량(m^3/s) C: 유출계수 I: 강우강도(mm/h) A: 배수면적(ha) $1km^2 = 100ha$

답 $7.93\,m^3/s$

093 ☆☆☆☆

다음 조건에서 Manning 공식을 이용해 사각 수로 경사(‰)를 구하시오. 유체는 일부만 차있고, 개수로식이다.

- 유량: $28\,m^3/s$
- 수로 폭: 3m
- 수로 수심: 1m
- 조도계수: 0.015

해 $V = \dfrac{1}{n} \cdot I^{\frac{1}{2}} \cdot R^{\frac{2}{3}} \to I^{\frac{1}{2}} = \dfrac{V \cdot n}{R^{\frac{2}{3}}}$

$\to I = (\dfrac{V \cdot n}{R^{\frac{2}{3}}})^2 = (\dfrac{9.333 \cdot 0.015}{0.6^{\frac{2}{3}}})^2 = 0.039 = 39‰$

$V = \dfrac{Q}{A} = \dfrac{28m^3}{s \cdot 3m \cdot 1m} = 9.333\,m/s$

$R = \dfrac{HW}{2H+W} = \dfrac{1 \cdot 3}{2 \cdot 1 + 3} = 0.6\,m$

$n = 0.015$

V: 유속(m/s) n: 조도계수 I: 경사 R: 경심(동수반경) H: 수심(m) W: 폭(m) ‰: 천분율

답 $39‰$

094 ☆☆☆

다음 조건에서 Manning 공식을 이용해 원형 수로 직경(cm)을 구하시오. 관수로식이다.

- 유속: 1m/s
- 관 구배: 40‰
- 조도계수: 0.013

해 $V = \frac{1}{n} \cdot I^{\frac{1}{2}} \cdot R^{\frac{2}{3}} \rightarrow \frac{n \cdot V}{I^{\frac{1}{2}}} = (\frac{D}{4})^{\frac{2}{3}}$

$\rightarrow D = (\frac{n \cdot V}{I^{\frac{1}{2}}})^{\frac{3}{2}} \cdot 4 = (\frac{0.013 \cdot 1}{0.04^{\frac{1}{2}}})^{\frac{3}{2}} \cdot 4 = 0.0663m = 6.63cm$

V: 유속(m/s) n: 조도계수 I: 경사 R: 경심(동수반경) D: 직경(m) ‰: 천분율

답 6.63cm

095 ☆☆

다음 조건에서 Manning 공식을 이용해 원형관 만류 시 유량(m^3/s)을 구하시오.

- 직경: 0.5m
- 하수관 경사: 1%
- 조도계수: 0.013

해 $Q = VA = \frac{1.923m \cdot 0.196m^2}{s} = 0.38m^3/s$

$V = \frac{1}{n} \cdot I^{\frac{1}{2}} \cdot R^{\frac{2}{3}} = \frac{1}{0.013} \cdot 0.01^{\frac{1}{2}} \cdot 0.125^{\frac{2}{3}} = 1.923m/s$

$n = 0.013$
$I = 0.01$
$R = \frac{D}{4} = \frac{0.5m}{4} = 0.125m$
$A = \frac{\pi}{4}D^2 = \frac{\pi \cdot (0.5m)^2}{4} = 0.196m^2$

V: 유속(m/s) n: 조도계수 I: 경사 R: 경심(동수반경) D: 직경(m)

답 $0.38m^3/s$

096 ☆☆☆☆

다음 조건에서 Manning 공식을 이용해 손실수두(m)를 구하시오. (만관 기준이다.)

• 수온: 16℃   • 직경: 0.5m   • 유량: $1m^3/s$ • 원형 하수관 길이: 50m   • 조도계수: 0.013

해 손실수두 H=경사•길이=0.07•50m=3.5m

$$V = \frac{1}{n} \cdot I^{\frac{1}{2}} \cdot R^{\frac{2}{3}} \rightarrow I = \left(\frac{nV}{R^{\frac{2}{3}}}\right)^2 = \left(\frac{0.013 \cdot 5.093}{0.125^{\frac{2}{3}}}\right)^2 = 0.07$$

$$V = \frac{Q}{A} = \frac{Q}{\frac{\pi}{4}D^2} = \frac{1m^3}{s \cdot \frac{\pi}{4} \cdot (0.5m)^2} = 5.093 \text{m/s}$$

$$R = \frac{D}{4} = \frac{0.5}{4} = 0.125\text{m}$$

V: 유속(m/s) n: 조도계수 I: 경사 R: 경심(동수반경) D: 직경(m)

답 3.5m

097 ☆☆☆

조도계수 0.3, 수심 0.5m, 폭 1m인 직사각형 단면수로(구배: 1/800) 유량$(m^3/\min)$을 구하시오.(유속 $V(m/s) = \dfrac{87 \cdot \sqrt{RI}}{1 + \dfrac{r}{\sqrt{R}}}$ 이용, 물은 일부만 차 있다.)

해 Q=V•A= $\dfrac{0.961m \cdot 0.5m^2 \cdot 60s}{s \cdot \min}$ =28.83$m^3/\min$

$$V = \frac{87 \cdot \sqrt{RI}}{1 + \dfrac{r}{\sqrt{R}}} = \frac{87 \cdot \sqrt{0.25 \cdot (1/800)}}{1 + \dfrac{0.3}{\sqrt{0.25}}} = 0.961 \text{m/s}$$

$$R = \frac{수심 \cdot 폭}{2 \cdot 수심 + 폭} = \frac{0.5 \cdot 1}{2 \cdot 0.5 + 1} = 0.25\text{m}$$

$I = 1/800$
r=조도계수=0.3
$A = 0.5m \cdot 1m = 0.5m^2$

답 28.83$m^3/\min$

098 ☆

0.025N – $Na_2C_2O_4$ 표준용액 10mL에 대해 0.025N – $KMnO_4$ 용액으로 적정한 결과 적정 소비량 10mL 공시험 적정 소비량 0.1mL였다. 다음 물음에 답하시오.

> 1. 0.025N - $KMnO_4$ 표준적정액 역가
> 2. 폐수 45mL를 시료수로 해 역적정 시 0.025N - $KMnO_4$ 표준적정용액 6.5mL가 소비되었다면 이 폐수의 정확한 COD농도(mg/L) (단, 공시험 적정 소비량 : 0.3mL)

해 1. $f_a \cdot N_a \cdot V_a = f_b \cdot N_b \cdot V_b$ → 1·0.025·10=f_b·0.025·(10-0.1) → f_b= 1.01
2. COD=(b-a)·f·$\dfrac{1,000}{V}$·0.2=(6.5-0.3)·1.01·$\dfrac{1,000}{45}$·0.2=27.83mg/L
a: 바탕시험 적정에 소비된 과망간산칼륨용액   b: 시료 적정에 소비된 과망간산칼륨용액
f: 역가   N: 노르말 농도(eq/L)

답 1. 1.01   2. 27.83mg/L

099 ☆☆☆

0.1M NaOH 200mL를 2M H_2SO_4 로 중화적정 시 소비되는 황산의 양(mL)을 구하시오.

해 $N_a \cdot V_a = N_b \cdot V_b$ → 0.1·200=4·X → X=5mL
NaOH N=$\dfrac{0.1 mol \cdot 40g \cdot eq}{L \cdot mol \cdot 40g}$ =0.1eq/L
H_2SO_4 N=$\dfrac{2mol \cdot 98g \cdot eq}{L \cdot mol \cdot 98/2g}$ =4eq/L
황산의 분자량은 98g이며 당량수는 2이다.
$H_2SO_4 \to 2H^+ + SO_4^{2-}$

답 5mL

100 ☆☆

95% 황산(비중: 1.84)을 가지고 0.1N 황산용액 500mL를 제조하려면 95% 황산 몇mL를 물에 희석해야 되는지 구하시오.

해 $N_a V_a = N_b V_b$ → 35.673·X=0.1·500 → X=$\dfrac{0.1 \cdot 500}{35.673}$=1.4mL

N_a=$\dfrac{1.84g \cdot 0.95 \cdot eq \cdot 1,000mL}{mL \cdot (98/2)g \cdot L}$=35.673N

황산의 분자량은 98g이며 당량수는 2이다.
$H_2SO_4 \rightarrow 2H^+ + SO_4^{2-}$

답 1.4mL

101 ☆

$Mg(OH)_2$ 용액 100mL를 중화하기 위해 0.01N H_2SO_4 40mL가 사용되었을 때 이 용액의 경도(mg/L)를 구하시오.

해 $N_a V_a = N_b V_b$ → X·100=0.01·40 → X=0.004N

경도=$\dfrac{0.004N \cdot eq \cdot (100/2)g \cdot 1,000mg}{N \cdot L \cdot eq \cdot g}$=200mg/L as $CaCO_3$

(100/2)=$CaCO_3$분자량/당량수

답 200mg/L as $CaCO_3$

102 ☆

D_{10} = 0.053, D_{30} = 0.1, D_{60} = 0.42일 때, 유효경(mm)와 균등계수를 소수 셋째자리까지 구하시오.

해 유효경=D_{10}=0.053mm   균등계수=$\dfrac{D_{60}}{D_{10}}$=$\dfrac{0.42}{0.053}$=7.925

답 유효경: 0.053mm   균등계수: 7.925

103 ☆

$D_{10} = 0.06$, $D_{30} = 0.1$, $D_{60} = 0.32$일 때, 균등계수를 구하시오.

해 균등계수 = $\dfrac{D_{60}}{D_{10}} = \dfrac{0.32}{0.06} = 5.33$

답 5.33

104 ☆☆☆☆

다음 조건에서 폐수의 총 질소 부하량(kg/d)를 구하시오.

- TKN농도: 70mg/L
- 폐수량: 15,000m^3/d
- 질산성 질소(NO_3^{-N})농도: 2mg/L
- 암모니아성 질소(NH_3^{-N})농도: 25mg/L
- 아질산성 질소(NO_2^{-N})농도: 3mg/L

해 총 질소 = $TKN + NO_2^{-N} + NO_3^{-N} = 70 + 3 + 2 = 75mg/L$

→ $\dfrac{75mg \cdot 15,000m^3 \cdot kg \cdot 1,000L}{L \cdot d \cdot 10^6 mg \cdot m^3} = 1,125 kg/d$

TKN: 암모니아성 질소+유기성 질소

답 1,125kg/d

105 ☆

수온 21℃에서 평균 직경 0.2mm, 비중 1.01의 모든 구형 독립입자를 제거하는 침전지가 이론적으로 설계되었다. 구형 독립입자 직경 0.1mm, 비중 1.02일 때 이론적 제거율(%)을 구하시오.

해 Stoke 법칙의 $V_g = \dfrac{gd_p^2(\rho_p - \rho)}{18\mu}$ → 제거율 = $\dfrac{\dfrac{g0.1^2(1.02-1)}{18\mu}}{\dfrac{g0.2^2(1.01-1)}{18\mu}} \cdot 100 = \dfrac{0.1^2 \cdot 0.02}{0.2^2 \cdot 0.01} \cdot 100 = 50\%$

V_g: 침강속도 g: 중력가속도(=9.8m/s^2) d_p: 입자직경 ρ_p: 입자밀도 ρ: 물 밀도 μ: 점도

답 50%

106

비중3, 직경 0.02mm인 입자가 자연 침전시 침강속도 0.6m/h였다면 동일조건에서 비중1.1, 직경 0.05mm인 입자의 침강속도(m/h)를 구하시오. stoke법칙 따른다.

해 $V_g = \dfrac{gd_p^2(\rho_p - \rho)}{18\mu}$
단위 생략하면
$0.6 = \dfrac{g \cdot 0.02^2 \cdot (3-1)}{18\mu} \to \dfrac{g}{\mu} = \dfrac{0.6 \cdot 18}{0.02^2 \cdot 2} = 13,500 \to V_g = \dfrac{13,500 \cdot 0.05^2 \cdot 0.1}{18} = 0.19 m/h$

V_g : 침강속도 g : 중력가속도$(=9.8m/s^2)$ d_p : 입자직경 ρ_p : 입자밀도 ρ : 물 밀도 μ : 점도

답 0.19m/h

107

다음 조건으로 물음에 답하시오.(층류이고 독립침전으로 가정)

- 침전지 수면적: 150m²
- 폐수 유량: 1,000m³/d
- 폐수 밀도: 1,000kg/m³
- 폐수 점도: 0.1kg/m·s
- 입자 밀도: 2,000kg/m³

1. 완전 입자제거 가능 입자 중 가장 작은 입자의 침강속도(m/d)
2. 완전 입자제거 가능 입자 중 가장 작은 입자 직경(mm)

해 1. $V = \dfrac{Q}{A} = \dfrac{1,000 m^3}{d \cdot 150 m^2} = 6.67 m/d$

2. $V_g = \dfrac{gd_p^2(\rho_p - \rho)}{18\mu}$

$\to d_p = \sqrt{\dfrac{V_g 18\mu}{g(\rho_p - \rho)}} = \sqrt{\dfrac{6.67m \cdot 18 \cdot 0.1 kg \cdot s^2 \cdot m^3 \cdot d \cdot (10^3 mm)^2}{d \cdot m \cdot s \cdot 9.8m \cdot (2,000-1,000) kg \cdot (60 \cdot 60 \cdot 24)s \cdot m^2}}$
$= 0.12 mm$

V_g : 침강속도 g : 중력가속도$(=9.8m/s^2)$ d_p : 입자직경 ρ_p : 입자밀도 ρ : 물 밀도 μ : 점도

답 1. 6.67m/d   2. 0.12mm

108 ☆☆

다음 조건에서 입자를 완전히 제거하는 데 요구되는 침전지 체류시간(min)을 구하시오.

- 입자 직경: 0.05mm
- 입자 비중: 3.5
- 물의 밀도: $1g/cm^3$
- 수심: 3m
- 물 점도: $9.9 \cdot 10^{-3} g/cm \cdot s$

해 $t = \dfrac{H}{V_g} = \dfrac{3m \cdot s \cdot min}{0.00344m \cdot 60s} = 14.53 min$

$V_g = \dfrac{gd_p^2(\rho_p - \rho)}{18\mu} = \dfrac{9.8m \cdot 0.05^2 mm^2 \cdot (3.5-1)g \cdot cm \cdot s \cdot cm^2}{s^2 \cdot cm^3 \cdot 18 \cdot 9.9 \cdot 10^{-3} g \cdot (10mm)^2} = 0.00344 m/s$

V_g : 침강속도 g : 중력가속도($=9.8m/s^2$) d_p : 입자직경 ρ_p : 입자밀도 ρ : 물 밀도 μ : 점도

답 14.53min

109 ☆☆

다음 조건으로 유분함유폐수를 부상분리 공정으로 처리할 때 물음에 대한 답변을 하시오.

- 유량: $1,000 m^3/d$
- 직경: $0.01 cm$
- 기름 밀도: $0.8 g/cm^3$
- 물 밀도: $1 g/cm^3$
- 물 점성계수: $0.01 g/cm \cdot s$

1. 부상속도(m/h) 2. 최소면적(m^2)

해 1. $V_f = \dfrac{gd_p^2(\rho_p - \rho)}{18\mu} = \dfrac{9.8m \cdot (0.01cm)^2 \cdot (1-0.8)g \cdot cm \cdot s \cdot 60 \cdot 60s}{s^2 \cdot cm^3 \cdot 18 \cdot 0.01g \cdot h} = 3.92 m/h$

2. $A = \dfrac{Q}{V} = \dfrac{1,000 m^3 \cdot h \cdot d}{d \cdot 3.92m \cdot 24h} = 10.63 m^2$

V_g : 침강속도 g : 중력가속도($=9.8m/s^2$) d_p : 입자직경 ρ_p : 입자밀도 ρ : 물 밀도 μ : 점도

답 1. 3.92m/h   2. $10.63 m^2$

110 ☆☆☆

다음 조건에서 물음에 대한 답변을 하시오.(유체 흐름은 완전 층류이다.)

- 제거대상 직경: 0.02cm
- 액체 비중: 1
- 부상조 폭: 5m
- 유적 비중: 0.9
- 처리유량: 20,000m^3/d
- 액체 점도: 0.01g/cm·s
- 부상조 수심: 3m

1. 부상시간(min)   2. 부상조 소요 길이(m)

해 1. $t = \dfrac{H}{V_f} = \dfrac{3m \cdot s \cdot 100cm \cdot min}{0.218cm \cdot m \cdot 60s} = 22.94\,min$

$V_f = \dfrac{gd_p^2(\rho_p - \rho)}{18\mu} = \dfrac{9.8m \cdot (0.02cm)^2 \cdot (1-0.9)g \cdot cm \cdot s \cdot 100cm}{s^2 \cdot cm^3 \cdot 18 \cdot 0.01g \cdot m} = 0.218\,cm/s$

2. $V_f = \dfrac{Q}{L \cdot W} \rightarrow L = \dfrac{Q}{V_f \cdot W} = \dfrac{20,000m^3 \cdot s \cdot d \cdot 100cm}{d \cdot 0.218cm \cdot 5m \cdot 24 \cdot 60 \cdot 60s \cdot m} = 21.24\,m$

V_g : 침강속도 g : 중력가속도(=$9.8m/s^2$) d_p : 입자직경 ρ_p : 입자밀도 ρ : 물 밀도 μ : 점도

답 1. 22.94min   2. 21.24m

111 ☆☆☆

입자가 0.6cm/s의 속도로 침전되고 있다. 점성계수: 0.0101g/cm·s, 비중: 1.67인 입자의 직경(cm)을 구하시오.

해 $V_g = \dfrac{gd_p^2(\rho_p - \rho)}{18\mu}$

$\rightarrow d = \sqrt{\dfrac{18\mu \cdot V_g}{g(\rho_p - \rho)}} = \sqrt{\dfrac{18 \cdot 0.0101g \cdot 0.6cm \cdot s^2 \cdot cm^3 \cdot m}{cm \cdot s \cdot s \cdot 9.8m \cdot (1.67-1)g \cdot 100cm}} = 0.01\,cm$

답 0.01cm

112 ☆☆☆☆

다음 조건에서 레이놀드 수를 구하시오. (유체는 관 일부만 차서 흐른다.)

| • 폭: 10m   • 깊이: 3.5m   • 유속: 0.05m/s   • 동점성계수: $1.31 \cdot 10^{-6} m^2/s$ |

해 레이놀드 $Re = \dfrac{V \cdot D}{\nu} = \dfrac{0.05m \cdot 8.235m \cdot s}{s \cdot 1.31 \cdot 10^{-6} m^2} = 314,312.98$

$D = 4R = 4 \cdot \dfrac{깊이 \cdot 폭}{2 \cdot 깊이 + 폭} = 4 \cdot \dfrac{3.5 \cdot 10}{2 \cdot 3.5 + 10} = 8.235m$

Re : 레이놀즈수 D : 직경 V : 유속 ν : 동점성계수

답 314,312.98

113 ☆☆

수심 4m, 폭 10m인 침사지에서 유속 0.05m/s일 때 프루드 수를 구하시오. 유체는 일부만 흐르고 있다.

해 $Fr = \dfrac{V^2}{gR} = \dfrac{(0.05m)^2 \cdot s^2}{s^2 \cdot 9.8m \cdot 2.222m} = 1.15 \cdot 10^{-4}$

$R = \dfrac{H \cdot W}{2H + W} = \dfrac{4 \cdot 10}{2 \cdot 4 + 10} = 2.222m$

Fr : 프루드수 V : 유속 g : 중력가속도($= 9.8 m/s^2$) R : 경심

답 $1.15 \cdot 10^{-4}$

114 ☆

다음 조건으로 기계식 봉 스크린의 물음에 대한 답변을 구하시오.

| • 유속: 0.6m/s | • 봉 두께: 10mm | • 봉 사이 간격: 30mm |
| • 손실수두계수: 1.43 | • A_1: WD | • A_2: 0.75WD |

1. 통과유속(m/s)　　　　2. 손실수두(m)

[해]
1. $Q = A_1 V_1 = A_2 V_2 \rightarrow V_2 = \dfrac{A_1 V_1}{A_2} = \dfrac{A_1 \cdot 0.6}{0.75 A_1} = 0.8 m/s$

2. $H = \dfrac{f \cdot (V_2^2 - V_1^2)}{2g} = \dfrac{1.43 \cdot (0.8^2 - 0.6^2) m^2 \cdot s^2}{s^2 \cdot 2 \cdot 9.8 m} = 0.02 m$

[답] 1. 0.8m/s　2. 0.02m

115 ☆

A수조에서 20m 높은 B수조로 펌프를 이용해 물을 퍼 올리려 한다. 총 마찰수두 1.5m이고, 관 유출 유속이 5m/s일 때 손실수두(m)를 구하시오.

[해] 손실수두 = 실양정 + 총 마찰손실수두 + 속도수두 = 20 + 1.5 + 1.276 = 22.78 m
실양정 = 20 m
총 마찰손실수두 = 1.5 m
속도수두 = $\dfrac{V^2}{2g} = \dfrac{(5m)^2 \cdot s^2}{s^2 \cdot 2 \cdot 9.8 m} = 1.276 m$

[답] 22.78m

116 ☆☆☆☆☆☆☆

다음 조건에서 관의 길이를 구하시오.

| • 유량: $0.03 m^3/s$ | • 마찰손실수두: 10m | • 내경: 10cm | • 마찰손실계수: 0.015 |

해 $h = \dfrac{f \cdot L \cdot V^2}{2 \cdot D \cdot g} \rightarrow L = \dfrac{2 \cdot D \cdot g \cdot h}{f \cdot V^2} = \dfrac{2 \cdot 0.1m \cdot 9.8m \cdot 10m \cdot s^2}{s^2 \cdot 0.015 \cdot (3.82m)^2} = 89.54$m

$V = \dfrac{Q}{A} = \dfrac{0.03 m^3 \cdot 4}{s \cdot \pi \cdot (0.1m)^2} = 3.82$m/s

h: 마찰손실수두 f: 마찰계수 L: 길이 V: 유속 D: 직경 g: 중력가속도($= 9.8 m/s^2$)

답 89.54m

117 ☆☆☆☆☆☆☆

다음 조건으로 물음에 대한 답변을 구하시오.

• 수직고도: 50m	• 관 직경: 20cm	• 총 연장: 200m	• 유량: $0.1 m^3/s$
• f: 0.03	• 펌프 효율: 70%	• 물 밀도: $1 g/cm^3$	
1. 관 마찰손실수두 고려한 펌프 총 양정(m) 2. 펌프 소요동력(kW)			

해 1.
$H = h + \dfrac{f \cdot L \cdot V^2}{2 \cdot D \cdot g} + \dfrac{V^2}{2g} = 50m + \dfrac{0.03 \cdot 200m \cdot (3.183m)^2 \cdot s^2}{s^2 \cdot 2 \cdot 0.2m \cdot 9.8m} + \dfrac{(3.183m)^2 \cdot s^2}{s^2 \cdot 2 \cdot 9.8m}$
$= 66.02m$

$V = \dfrac{Q}{A} = \dfrac{4 \cdot 0.1 m^3}{\pi \cdot 0.2^2 m^2 \cdot s} = 3.183 m/s$

2.
$P = \dfrac{\rho \cdot g \cdot Q \cdot H \cdot \alpha}{\eta} = \dfrac{1,000 kg \cdot 9.8m \cdot 0.1 m^3 \cdot 66.02m \cdot 1 \cdot s^3 \cdot W \cdot kW}{m^3 \cdot s^2 \cdot s \cdot 0.7 \cdot kg \cdot m^2 \cdot 1,000 W}$
$= 92.43 kW$

H: 총양정(총손실수두) h: 마찰손실수두 f: 마찰계수 L: 길이 V: 유속 D: 직경
g: 중력가속도($= 9.8 m/s^2$) P: 동력 ρ: 유체밀도 Q: 유량 α: 여유율(기본 1)
$1W = 1J/s = 1N \cdot m/s = 1kg \cdot m^2/s^3$

답 1. 66.02m   2. 92.43kW

118 ☆

다음 조건에서 펌프 소요동력(kW)를 구하시오.

• 유량: $20m^3/min$　• 양정: $15m$　• 효율: 80%　• 물의 밀도: $1g/cm^3$　• 여유율: 1.5%

해 $P = \dfrac{\rho \cdot g \cdot Q \cdot H \cdot \alpha}{\eta} = \dfrac{1{,}000kg \cdot 9.8m \cdot 20m^3 \cdot 15m \cdot 1.015 \cdot min \cdot s^3 \cdot W \cdot kW}{m^3 \cdot s^2 \cdot min \cdot 0.8 \cdot 60s \cdot kg \cdot m^2 \cdot 1{,}000\,W}$
$= 62.17\,kW$

H: 총양정(총손실수두)　g: 중력가속도($=9.8m/s^2$)　P: 동력　ρ: 유체밀도
Q: 유량　α: 여유율(기본 1)　$1\,W = 1J/s = 1N \cdot m/s = 1kg \cdot m^2/s^3$

답 $62.17kW$

119 ☆

깊이 180m인 호수 표면 4m 아래에 취수구가 있으며 원수를 펌프로 호수 표면에서 높이 5m에 있는 처리장 입구까지 수송한다. 펌프 흡입손실수두 3m, 배출손실수두 2m일 때 펌프효율은 70%로 한다. 처리장에서 45,000인분 물을 공급하며 평균 물소비량은 $0.8m^3$/인·d일 때 펌프의 소요마력(HP)을 구하시오.

해 $P = \dfrac{\rho \cdot g \cdot Q \cdot H \cdot \alpha}{\eta} = \dfrac{1{,}000kg \cdot 9.8m \cdot 36{,}000m^3 \cdot 10m \cdot 1 \cdot d \cdot W \cdot s^3 \cdot HP}{m^3 \cdot s^2 \cdot d \cdot 0.7 \cdot (60 \cdot 60 \cdot 24)s \cdot kg \cdot m^2 \cdot 746\,W}$
$= 78.19HP$

$Q = \dfrac{0.8m^3 \cdot 45{,}000\text{인}}{\text{인} \cdot d} = 36{,}000m^3/d$

$H = 5 + 3 + 2 = 10m$ (4m는 무동력으로 올라오기에 고려 X)
$1\,W = 1J/s = 1N \cdot m/s = 1kg \cdot m^2/s^3$
H: 총양정(총손실수두)　g: 중력가속도($=9.8m/s^2$)　P: 동력　ρ: 유체밀도
Q: 유량　α: 여유율(기본 1)　$1\,W = 1J/s = 1N \cdot m/s = 1kg \cdot m^2/s^3$　$1HP = 746\,W$

답 $78.19HP$

120 ★★

다음 조건에서 필요 공기량(m^3/s)을 구하시오.

- G값: $100s^{-1}$
- 응집조 부피: $10m^3$
- 깊이: 3m
- 점도: $0.00131N \cdot s/m^2$
- P_a: $101,325N/m^2$

해 $P = G^2 \cdot \mu \cdot V = P_a \cdot Q_a \cdot \ln(\frac{h+10.3}{10.3})$

$= \frac{100^2 \cdot 0.00131N \cdot s \cdot 10m^3 \cdot W \cdot s}{s^2 \cdot m^2 \cdot N \cdot m} = \frac{101,325N \cdot Q_a m^3 \cdot \ln(\frac{3+10.3}{10.3}) \cdot W \cdot s}{m^2 \cdot s \cdot N \cdot m}$

→ $131W = 25,900.711 \cdot Q_a W$ → $Q_a = 5.06 \cdot 10^{-3} m^3/s$

P: 동력 G: 속도경사 μ: 점도 V: 부피 P_a: 압력 Q_a: 필요공기량 h: 깊이

답 $5.06 \cdot 10^{-3} m^3/s$

121 ★★

다음 조건으로 물음에 대한 답변을 하시오.

- 교반조 부피: $1,500m^3$
- 속도경사: $30s^{-1}$
- 점성계수: $1.14 \cdot 10^{-3}N \cdot s/m^2$
- $C_D = 1.8$
- $\rho = 1,000 kg/m^3$
- $V_P = 0.5$m/s

1. 소요동력(W)   2. 패들면적(m^2)

해 1. $P = G^2 \cdot \mu \cdot V = \frac{30^2 \cdot 1.14 \cdot 10^{-3}N \cdot s \cdot 1,500m^3 \cdot s \cdot W}{s^2 \cdot m^2 \cdot N \cdot m} = 1,539W$

2. $P = 1,539W = \frac{C_D \cdot \rho \cdot A \cdot V_P^3}{2}$ → $A = \frac{2 \cdot 1,539}{C_D \cdot \rho \cdot V_P^3} = \frac{2 \cdot 1,539}{1.8 \cdot 1,000 \cdot 0.5^3} = 13.68m^2$

P: 동력 G: 속도경사 μ: 점도 V: 부피 P_a: 압력 Q_a: 필요공기량 h: 깊이
C_D: 항력계수 ρ: 밀도 A: 패들면적 V_P: 회전상대속도

답 1. $1,539W$ 2. $13.68m^2$

122 ☆☆☆☆☆☆

다음 조건에서 10℃일 때 막 면적(m^2)을 구하시오.

- 유량: $760 m^3/d$
- 유입, 유출수 압력차: $2,500 kPa$
- $A_{10℃} = 1.58 A_{25℃}$
- 25℃ 물질전달계수: $0.2068 L/d \cdot m^2 \cdot kPa$
- 유입, 유출수 삼투압차: $300 kPa$

해 $A_{25℃} = \dfrac{Q}{K(P_1 - P_2)} = \dfrac{760 m^3 \cdot d \cdot m^2 \cdot kPa \cdot 1,000 L}{d \cdot 0.2068 L \cdot (2,500-300) kPa \cdot m^3} = 1,670.477 m^2$

→ $A_{10℃} = 1.58 A_{25℃} = 1.58 \cdot 1,670.477 = 2,639.35 m^2$

답 $2,639.35 m^2$

123 ☆

혐기 소화를 시킨 슬러지 고형물량: 2%, 비중: 1.5일 때 물음에 대한 답변을 구하시오.

1. 슬러지 비중(소수점 세 번째 자리까지)
2. 혐기성분해 시 호기성분해보다 슬러지 발생량이 적은 이유

해 1. $\dfrac{100\%}{\rho_{sl}} = \dfrac{수분\%}{\rho_{수분}} + \dfrac{고형물\%}{\rho_{고형물}}$ → $\dfrac{100}{X} = \dfrac{98}{1} + \dfrac{2}{1.5} = 99.333$ → $X = 1.007$

2. 유기물이 분해되어 중간 생성물 형태로 에너지 갖는 유기물, 가스상 물질로 전환돼서

답 1. 1.007   2. 해설 참조

124

슬러지를 가압 탈수시키려 한다. 다음 조건에서 물음에 대한 답변을 구하시오.

- 슬러지 발생량: $15m^3/d$
- 슬러지 내 고형물 밀도: 2.5kg/L
- 탈수여액 중 고형물 농도: 0.5%
- 탈수 케이크 고형물 농도: 30%
- 슬러지 발생량 중 고형물량: 500kg/d

1. 탈수 케이크 밀도(kg/L)
2. 탈수 여액 밀도(kg/L)(소수 셋째자리까지)
3. 1일 여액 발생량(m^3/d)
4. 1일 탈수 케이크 발생량(kg/d)

해

1. $\dfrac{100\%}{\rho_{cake}} = \dfrac{수분\%}{\rho_{수분}} + \dfrac{고형물\%}{\rho_{고형물}} = \dfrac{70}{1} + \dfrac{30}{2.5} = 82$ → $\rho_{cake} = \dfrac{100}{82} = 1.22$kg/L

2. $\dfrac{100\%}{\rho_{여액}} = \dfrac{수분\%}{\rho_{수분}} + \dfrac{고형물\%}{\rho_{고형물}} = \dfrac{99.5}{1} + \dfrac{0.5}{2.5} = 99.7$ → $\rho_{여액} = \dfrac{100}{99.7} = 1.003$kg/L

3. 여액발생 = 슬러지발생 - 케이크발생

   $\dfrac{여액 m^3 \cdot 1.003kg \cdot 0.005 \cdot 1,000L}{d \cdot L \cdot m^3} = 500kg/d - \dfrac{(15-여액)m^3 \cdot 1.22kg \cdot 0.3 \cdot 1,000L}{d \cdot L \cdot m^3}$

   → 5.015·여액 = 500 - 366(15-여액) → 여액 = $\dfrac{500 - 366 \cdot 15}{5.015 - 366} = 13.82 m^3/d$

4. $\dfrac{(15-13.82)m^3 \cdot 1.22kg \cdot 1,000L}{d \cdot L \cdot m^3} = 1,439.6$kg/d

답 1. 1.22kg/L 2. 1.003kg/L 3. $13.82 m^3/d$ 4. 1,439.6kg/d

125 ☆☆

2단 고율 살수여과상 처리장에서 BOD_5 가 200mg/L, 유량: $7.6 \cdot 10^3 m^3/d$ 인 도시폐수를 처리한다. 이 두 여과상은 직경, 깊이, 반송률이 같다. 주어진 조건을 이용해 최종 유출수의 BOD_5 (mg/L)를 구하시오.

- 여과상 직경: 20m
- 여과상 깊이: 2m
- 1차 침전조 제거효율: 35%
- 반송률: 1.5
- 반송계수: $F = \dfrac{1+R}{(1+0.1R)^2}$
- 1단 여과상 BOD_5 제거율: $E_1 = \dfrac{1}{1 + 0.433 \cdot \sqrt{\dfrac{W_0}{V \cdot F}}}$
- 2단 여과상 BOD_5 제거율: $E_2 = \dfrac{1}{1 + \dfrac{0.433}{1-E_1} \cdot \sqrt{\dfrac{W_1}{V \cdot F}}}$
- W_0, W_1: 1, 2단 여과상에 가해지는 BOD부하(kg/d)
- V: 여과상 부피(m^3)

해 최종 $BOD_5 = 200 \cdot (1-0.35) \cdot (1-0.717) \cdot (1-0.574) = 15.67 mg/L$

− 1단 여과상 BOD_5 제거율

$E_1 = \dfrac{1}{1+0.433\sqrt{\dfrac{W_0}{VF}}} = \dfrac{1}{1+0.433\sqrt{\dfrac{988}{628.319 \cdot 1.89}}} = 0.717$

$W_0 = \dfrac{7.6 \cdot 10^3 m^3 \cdot 200mg \cdot (1-0.35) \cdot 1,000L \cdot kg}{d \cdot L \cdot m^3 \cdot 10^6 mg} = 988 kg/d$

$V = \dfrac{\pi}{4}D^2 \cdot H = \dfrac{\pi \cdot (20m)^2 \cdot 2m}{4} = 628.319 m^3$

$F = \dfrac{1+1.5}{(1+0.1 \cdot 1.5)^2} = 1.89$

− 2단 여과상 BOD_5 제거율

$E_2 = \dfrac{1}{1+\dfrac{0.433}{1-E_1} \cdot \sqrt{\dfrac{W_1}{VF}}} = \dfrac{1}{1+\dfrac{0.433}{1-0.717} \cdot \sqrt{\dfrac{279.604}{628.319 \cdot 1.89}}} = 0.574$

$W_1 = 988(1-0.717) = 279.604 kg/d$
$V = 628.319 m^3$
$F = 1.89$
W: BOD부하 V: 부피 F: 반송계수 R: 재순환비(반송률)

답 15.67mg/L

126 ☆☆

2단 살수여과상 처리장에서 유량 $3,785 m^3/d$인 도시폐수를 처리한다. 이 두 여과상의 부피, 효율, 반송률이 같다. 주어진 조건을 이용해 공정의 직경(m)을 구하시오.

- 여과상 깊이: 2m
- 유입 BOD농도: 200mg/L
- 최종 BOD농도: 20mg/L
- 반송률: 1.5
- 반송계수: $F = \dfrac{1+R}{(1+0.1R)^2}$
- 1단 여과상 BOD_5 제거율: $E = \dfrac{1}{1+0.432 \cdot \sqrt{\dfrac{W}{V \cdot F}}}$

해 $V = A \cdot H = \dfrac{\pi}{4}D^2 \cdot H = 350.219 \rightarrow D = \sqrt{\dfrac{4 \cdot 350.219}{\pi \cdot 2}} = 14.93m$

$E = \dfrac{1}{1+0.432 \cdot \sqrt{\dfrac{W}{V \cdot F}}} \rightarrow E + 0.432E\sqrt{\dfrac{W}{VF}} = 1 \rightarrow \dfrac{(1-E)}{0.432E} = \sqrt{\dfrac{W}{VF}} \rightarrow (\dfrac{1-E}{0.432E})^2 = \dfrac{W}{VF}$

$\rightarrow V(m^3) = \dfrac{W}{(\dfrac{1-E}{0.432E})^2 \cdot F} = \dfrac{757}{(\dfrac{1-0.684}{0.432 \cdot 0.684})^2 \cdot 1.89} = 350.219 m^3$

$W(kg/d) = \dfrac{3,785 m^3 \cdot 200 mg \cdot kg \cdot 1,000L}{d \cdot L \cdot 10^6 mg \cdot m^3} = 757 kg/d$

$F = \dfrac{1+1.5}{(1+0.1 \cdot 1.5)^2} = 1.89$

$\eta = 1-(1-E)^2 = (1-\dfrac{20}{200}) = 0.9 \rightarrow 0.1 = (1-E)^2 \rightarrow \sqrt{0.1} = 1-E \rightarrow E = 0.684$

W: BOD부하 V: 부피 F: 반송계수 R: 재순환비(반송률)

답 14.93m

127 ☆☆

온도 40℃, 유량 $0.6 m^3/\min$ 인 폐수에 침강성 오염물질 농도 300mg/L, 비침강성 오염물질 농도 150mg/L 포함되어 있다. 이 폐수를 부상조, 응집침전조를 거쳐 침강성 오염물질 농도 30mg/L, 비침강성 오염물질 농도 15mg/L로 줄이려 할 때 물음에 답하시오.
(응집침전조는 침강성 오염물질만 제거, 부상조는 비침강성 오염물질만 제거한다.)

- A/S: 0.05
- $\dfrac{50mg\ 응집제}{g\ 오염물질양}$
- 슬러지(비중:1) 함수율: 97%
- 게이지압: 400kPa
- 공기포화분율: 0.85
- 표면부하율: $0.1 m^3/m^2 \cdot \min$
- 공기용해도: 19mL/L

1. 부상조 반송유량(L/min)
2. 반송유량 고려한 부상조 최소표면적(m^2)
3. 응집침전조에서의 이론적 슬러지량(L/min)

해 1.
$$Q_r = \frac{A/S \cdot S \cdot Q}{1.3 Sa(fP-1)} = \frac{0.05 \cdot 150 \cdot 0.6}{1.3 \cdot 19 \cdot (0.85 \cdot 4.948 - 1)} = 0.05683 m^3/\min = 56.83 L/\min$$

$P \to$ 전압 = 게이지압 + 1atm = $\dfrac{400}{101.325} atm + 1atm = 4.948 atm$

2. $A = \dfrac{유량 + 반송유량}{표면부하량} = \dfrac{(0.6 + 0.05683) m^3 \cdot m^2 \cdot \min}{\min \cdot 0.1 m^3} = 6.57 m^2$

3. 슬러지량 = $\dfrac{(제거\ 고형물량 + 약품\ 첨가량)}{(1 - 함수율) \cdot 밀도} = \dfrac{(162 + 9)g \cdot L}{\min \cdot (1 - 0.97) \cdot 1,000g} = 5.7 L/\min$

제거 고형물량 = $\dfrac{(300 - 30)mg \cdot 0.6 m^3 \cdot g \cdot 10^3 L}{L \cdot \min \cdot 10^3 mg \cdot m^3} = 162 g/\min$

약품 첨가량 = $\dfrac{300mg \cdot 0.6 m^3 \cdot 50mg \cdot g \cdot 10^3 L \cdot g}{L \cdot \min \cdot g \cdot 10^3 mg \cdot m^3 \cdot 10^3 mg} = 9 g/\min$

비중은 단위가 없지만 밀도처럼 생각하자! 예) 비중1 = $1,000 g/L = 1 kg/m^3$

Q_r: 반송유량($m^3/\min$) Q: 유량($m^3/\min$) A/S: 기고비 S: 고형물농도(mg/L)
Sa: 용해도(mL/L) f: 포화분율(= 포화상수) P: 압력(atm)

답 1. 56.83L/min 2. $6.57 m^2$ 3. 5.7L/min

128 ☆☆☆☆☆

다음 조건에서 반송률R(%)를 구하시오.

- 유량: $200 m^3/d$
- 실험온도: 20℃
- 표면부하율: $8 L/m^2 \cdot min$
- SS농도: 300mg/L
- 공기 포화분율: 0.6
- A/S비: 0.05mg air/mg solid
- 20℃의 공기 용해도: 18mL/L
- 운전압력: 5atm

해 $A/S = \dfrac{1.3 \cdot S_a \cdot (f \cdot P - 1) \cdot R}{SS}$

→ $R = \dfrac{A/S \cdot SS}{1.3 \cdot S_a \cdot (f \cdot P - 1)} = \dfrac{0.05 \cdot 300}{1.3 \cdot 18 \cdot (0.6 \cdot 5 - 1)} = 0.32 = 32\%$

A/S: 기고비 SS: 고형물농도(mg/L) S_a: 용해도(mL/L) f: 포화분율(= 포화상수)
P: 압력(atm)

답 32%

129 ☆☆

다음 조건에서 재순환이 없을 때 압력(atm)을 구하시오.

- 유량: $3,000 m^3/d$
- 실험온도: 20℃
- SS농도: 200mg/L
- 20℃ 공기 용해도: 20mL/L
- A/S비: 0.05mg air/mg solid
- 공기 포화분율: 0.5

해 $A/S = \dfrac{1.3 \cdot S_a \cdot (f \cdot P - 1) \cdot R}{SS}$ → $P = \dfrac{\dfrac{A/S \cdot SS}{1.3 \cdot S_a} + 1}{f} = \dfrac{\dfrac{0.05 \cdot 200}{1.3 \cdot 20} + 1}{0.5} = 2.77 atm$

R: 반송률(재순환없으면 1) A/S: 기고비 SS: 고형물농도(mg/L) S_a: 용해도(mL/L)
f: 포화분율(= 포화상수) P: 압력(atm)

답 2.77atm

130 ☆

재순환형 살수여상 공정이며 다음 조건으로 평균 BOD_5 부하($kg/m^3 \cdot d$)를 구하시오.

- 유량: $400m^3/d$
- 유입BOD_5: $1g/L$
- 유출BOD_5: $50mg/L$
- 재순환비: 2.5
- 수량부하: $20m^3/m^2 \cdot d$
- 반응조 깊이: $3m$

[해] BOD부하 $= \dfrac{BOD \cdot Q}{V} = \dfrac{1g \cdot 400m^3 \cdot kg \cdot 10^3 L}{L \cdot d \cdot 210m^3 \cdot 10^3 g \cdot m^3} = 1.9 kg/m^3 \cdot d$

$V = AH = 70m^2 \cdot 3m = 210m^3$

$A = \dfrac{Q}{수량부하} = \dfrac{1,400m^3 \cdot m^2 \cdot d}{d \cdot 20m^3} = 70m^2$

$Q_t = Q + Q_r = 400 + 400 \cdot 2.5 = 1,400m^3/d$

BOD부하는 재순환유량 고려 X

[답] $1.9 kg/m^3 \cdot d$

131 ☆☆☆☆

1일 슬러지 생성량 $100m^3$, 비중 1인 슬러지가 5%에서 7%로 농축되었을 시 슬러지 부피 감소율(%)을 구하시오.

[해] $100 \cdot 5 = X \cdot 7 \rightarrow X = \dfrac{500}{7} = 71.428 m^3$

부피 감소율(%) $= (1 - \dfrac{V_2}{V_1}) \cdot 100 = (1 - \dfrac{71.428}{100}) \cdot 100 = 28.57\%$

[답] 28.57%

132 ☆☆

농축 슬러지(함수율 95%, 비중 1) $50m^3$를 탈수시켜 함수율 80% 탈수 슬러지를 생성하려 한다. 탈수 슬러지 발생 부피(m^3)를 구하시오.

[해] $50 \cdot 5 = X \cdot 20 \rightarrow X = \dfrac{50 \cdot 5}{20} = 12.5 m^3$

[답] $12.5 m^3$

133 ☆

다음 조건을 가진 톱니형(= 직각 3각) 웨어 설치된 원형 1차침전지에 대한 물음에 답하시오.

- 유량: $20,000 m^3/d$
- 원추형 바닥 깊이 1.5m
- 침전지 직경: 40m
- 웨어 월류길이 = $\dfrac{원주길이}{2}$
- 측벽 높이: 3m

1. 수리학적 체류시간(HRT, h) 2. 표면부하율($m^3/d \cdot m^2$) 3. 월류부하율($m^3/d \cdot m$)

[해] 침전지를 그리면 이렇다.

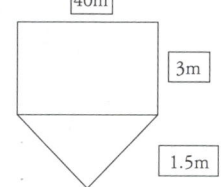

1. $t = \dfrac{V}{Q} = \dfrac{4{,}398.23 m^3 \cdot d \cdot 24h}{20{,}000 m^3 \cdot d} = 5.28h$

   $V = 원기둥부피 + 원뿔부피 = (\dfrac{\pi}{4} \cdot 40^2 \cdot 3 + \dfrac{1}{3} \cdot \dfrac{\pi}{4} \cdot 40^2 \cdot 1.5) m^3 = 4{,}398.23 m^3$

2. 표면부하율 $= \dfrac{Q}{A} = \dfrac{20{,}000 m^3}{d \cdot \dfrac{\pi}{4} \cdot 40^2 m^2} = 15.92 m^3/d \cdot m^2$

3. 월류부하율 $= \dfrac{Q}{L} = \dfrac{20{,}000 m^3}{d \cdot \dfrac{\pi \cdot 40m}{2}} = 318.31 m^3/d \cdot m$

[답] 1. 5.28h 2. $15.92 m^3/d \cdot m^2$ 3. $318.31 m^3/d \cdot m$

134 ☆☆☆☆☆

1차 침전지에 대한 권장 기준은 다음과 같으며 원주 웨어의 최대 웨어 월류부하가 적절한가에 대해 판단하고 그 근거를 설명하시오.(원형 침전지 기준)

- 평균유량: $7,600 m^3/d$
- 평균 월류율: $37 m^3/d \cdot m^2$
- 최소수면 깊이: $3m$
- 최대 월류율: $90 m^3/d \cdot m^2$
- 최대유량/평균유량: 2.75
- 최대 웨어 월류부하: $390 m^3/d \cdot m$

해 최대 웨어 월류부하 = $\dfrac{Q_{\max}}{\pi D} = \dfrac{20,900 m^3}{d \cdot \pi \cdot 17.195 m} = 386.9 m^3/m \cdot d$

$Q_{\max} = 7,600 \cdot 2.75 = 20,900 m^3/d$

$D = \sqrt{\dfrac{4A}{\pi}} = \sqrt{\dfrac{4 \cdot 232.222 m^2}{\pi}} = 17.195 m$

$A = \dfrac{Q}{V}$

1. 평균기준

$\dfrac{7,600 m^3 \cdot d \cdot m^2}{d \cdot 37 m^3} = 205.405 m^2$

2. 최대기준

$\dfrac{7,600 \cdot 2.75 m^3 \cdot d \cdot m^2}{d \cdot 90 m^3} = 232.222 m^2$

최대기준이 더 크니 $232.222 m^2$ 선택(설계기준이 됨)

답 최대 웨어 월류부하가 $386.9 m^3/m \cdot d$ 로 $390 m^3/m \cdot d$ 보다 낮아 적절하다.

135

다음 조건에서 침전조 표준규격 직경(m)을 구하시오. 표준규격 직경은 20m, 25m이다.

- 평균 유량: $10,000 m^3/d$
- 평균표면부하율: $35 m^3/m^2 \cdot d$
- 최대표면부하율: $80 m^3/m^2 \cdot d$
- 최대 유량/평균 유량: 2.8

해 $Q = AV = \dfrac{\pi d^2 V}{4} \rightarrow d = \sqrt{\dfrac{4Q}{\pi V}}$

-평균면적 직경
$d = \sqrt{\dfrac{4Q}{\pi V}} = \sqrt{\dfrac{4 \cdot 10,000 m^3 \cdot d}{d \cdot \pi \cdot 35 m}} = 19.07 m$

-최대면적 직경
$d = \sqrt{\dfrac{4Q}{\pi V}} = \sqrt{\dfrac{4 \cdot 10,000 m^3 \cdot 2.8 \cdot d}{d \cdot \pi \cdot 80 m}} = 21.11 m$

더 큰 것을 택해야 하니 21.11m이며 표준규격 직경으로는 25m이다.

답 25m

136

다음 조건에서 물음에 대한 답변을 구하시오.

- 처리수량: $50,000 m^3/d$
- 여과지수: 8지
- 여과속도: 180m/d
- 역세속도: 0.6m/min
- 표세속도: 0.1m/min
- 1지 규격: 길이 : 폭 = 1 : 1
- 세정시간: 10min(전 여과지에 대해 1일 1회)

1. 소요 여과 면적(m^2/지)   2. 총 세정수량(m^3/d)

해 1. $A = \dfrac{Q}{V} = \dfrac{50,000 m^3 \cdot d}{d \cdot 180 m \cdot 8지} = 34.72 m^2/지$

2. 총 세정수량=표세수량+역세수량=$277.76 m^3/d + 1,666.56 m^3/d = 1,944.32 m^3/d$

표세수량=$\dfrac{34.72 m^2 \cdot 8지 \cdot 0.1 m \cdot 10 min}{지 \cdot min \cdot d} = 277.76 m^3/d$

역세수량=$\dfrac{34.72 m^2 \cdot 8지 \cdot 0.6 m \cdot 10 min}{지 \cdot min \cdot d} = 1,666.56 m^3/d$

답 1. $34.72 m^2/지$ 2. $1,944.32 m^3/d$

137 ☆☆

다음 조건에서 물음에 대한 답변을 구하시오.

- 처리수량: $40,000 m^3/d$
- 역세척 시간: 20min
- 여과지수: 5지
- 하루 역세척 횟수: 6회
- 여과속도: $5 m^3/m^2 \cdot h$
- 1지 규격: 길이:폭 = 2:1

1. 하루 중 여과시간(h/d) 2. 이론적 소요 여과 면적(m^2/지) 3. 여과지 길이(m), 폭(m)

해
1. $24h - \dfrac{20\min \cdot 6회 \cdot h}{회 \cdot 60\min} = 22h/d$

2. $A = \dfrac{Q}{V} = \dfrac{40,000 m^3 \cdot h \cdot d}{d \cdot 5m \cdot 24h \cdot 5지} = 66.67 m^2/지$

3. 길이=2폭 → $2폭^2 = 66.67$ → $폭 = \sqrt{\dfrac{66.67}{2}} = 5.77m$, 길이=2·5.77=11.54m

답 1. 22h/d 2. $66.67 m^2$/지 3. 길이: 11.54m 폭: 5.77m

138 ☆☆

박테리아를 무게기준으로 분석한 결과 C: 53%, H: 6%, O: 29%, N: 12%일 때 최소 정수비를 C, H, O, N 순서로 나타내시오.

해 $C = \dfrac{53}{12} = 4.417$ $H = \dfrac{6}{1} = 6$ $O = \dfrac{29}{16} = 1.813$ $N = \dfrac{12}{14} = 0.857$

N을 1로 가정하면
$C = \dfrac{4.417}{0.857} = 5.15$ $H = \dfrac{6}{0.857} = 7$ $O = \dfrac{1.813}{0.857} = 2.12$ $N = \dfrac{0.857}{0.857} = 1$
→ $C : H : O : N = 5.15 : 7 : 2.12 : 1$ → $5 : 7 : 2 : 1$

답 C : H : O : N = 5 : 7 : 2 : 1

139 ☆☆☆☆☆

흡착처리공정으로 오염물질이 $30\mu g/L$ 만큼 유입되었다. 흡착하고 남은 양이 0.005mg/L라면 필요한 활성탄 주입량(mg/L)을 구하시오.(Freundlich 공식 이용, k = 28, n = 1.61)

해 $\dfrac{X}{M} = k \cdot C^{\frac{1}{n}} \rightarrow M = \dfrac{X}{k \cdot C^{\frac{1}{n}}} = \dfrac{0.025}{28 \cdot 0.005^{\frac{1}{1.61}}} = 0.02\text{mg/L}$

$X = \dfrac{30\mu g \cdot mg}{L \cdot 10^3 \mu g} - 0.005 mg/L = 0.025 mg/L$

X: 흡착된 피흡착물 농도 M: 주입 흡착제 농도 K, n: 상수 C: 흡착되고 남은 피흡착물 농도

답 0.02mg/L

140 ☆

폐수 COD 제거를 위해 활성탄으로 흡착하려 한다. COD 50mg/L인 원수에 활성탄 20mg/L 주입했더니 COD 20mg/L가 되었고, 활성탄 50mg/L 주입했더니 COD 5mg/L가 되었다. COD 10mg/L으로 하기 위한 활성탄 주입량(mg/L)을 구하시오. Freundlich 공식 이용한다.

해 $\dfrac{X}{M} = k \cdot C^{\frac{1}{n}} \rightarrow \dfrac{50-20}{20} = k \cdot 20^{\frac{1}{n}},\ \dfrac{50-5}{50} = k \cdot 5^{\frac{1}{n}}$

$\rightarrow \dfrac{\frac{30}{20}}{\frac{45}{50}} = \dfrac{k \cdot 20^{\frac{1}{n}}}{k \cdot 5^{\frac{1}{n}}} \rightarrow \dfrac{30 \cdot 50}{20 \cdot 45} = \dfrac{k \cdot 4^{\frac{1}{n}} \cdot 5^{\frac{1}{n}}}{k \cdot 5^{\frac{1}{n}}} \rightarrow 1.667 = 4^{\frac{1}{n}} \rightarrow \log 1.667 = \dfrac{1}{n} \log 4$

$\rightarrow n = \dfrac{\log 4}{\log 1.667} = 2.713$

$k \rightarrow \dfrac{50-20}{20} = k \cdot 20^{\frac{1}{2.713}} \rightarrow k = \dfrac{1.5}{20^{\frac{1}{2.713}}} = 0.497$

$\rightarrow \dfrac{50-10}{M} = 0.497 \cdot 10^{\frac{1}{2.713}} \rightarrow M = \dfrac{40}{0.497 \cdot 10^{\frac{1}{2.713}}} = 34.44 mg/L$

X: 흡착된 피흡착물 농도 M: 주입 흡착제 농도 K, n: 상수 C: 흡착되고 남은 피흡착물 농도

답 34.44mg/L

141 ☆☆☆☆

활성슬러지법에 의한 포기조에 대한 물음에 답하시오.

- 유입 BOD_5 농도: 250mg/L
- 유입 유량: $0.25m^3/s$
- 잉여슬러지량: 1,700kg/d
- 공기밀도: $1.2kg/m^3$
- 공기 중 산소 중량분율: 0.23
- 유출 BOD_5 농도: 50mg/L
- BOD_5/BOD_U: 0.7
- 안전률: 2
- 산소전달효율: 0.08

1. 산소 필요량(kg/d) 2. 공기 필요량(m^3/d)

해 -산소 필요량

$$O_2 = \frac{Q(S_i - S_o)}{f} - 1.42 P_x$$

$$= \frac{0.25m^3 \cdot (250-50)mg \cdot 1{,}000L \cdot kg \cdot 60 \cdot 60 \cdot 24s}{s \cdot L \cdot 0.7 \cdot m^3 \cdot 10^6 mg \cdot d} - \frac{1.42 \cdot 1{,}700 kg}{d}$$

$$= 3{,}757.43 kg/d$$

-공기 필요량 = $\dfrac{\text{산소 필요량} \cdot \text{안전율}}{\text{공기밀도} \cdot \text{산소전달효율} \cdot \text{공기 중 산소중량분율}}$

$$= \frac{3{,}757.43 kg \cdot 2 \cdot m^3}{d \cdot 1.2kg \cdot 0.08 \cdot 0.23}$$

$$= 340{,}346.92 m^3/d$$

$f : \dfrac{BOD_5}{BOD_U}$ P_x : 잉여슬러지량

답 산소 필요량: 3,757.43kg/d   공기 필요량: $340{,}346.92m^3/d$

142 ☆

슬러지 증식량 측정 목적으로 실험식을 획득했다. 다음 조건으로 폐수 처리시 발생 잉여슬러지량 (kg/d)을 구하시오.(처리수 중 SS는 무시)

- 유량: $1,000 m^3/d$
- 포기조 용량: $250 m^3$
- 원수 BOD: 400mg/L
- MLSS농도: 6,000mg/L
- 처리수 BOD: 50mg/L
- 원수 SS농도: 150mg/L

실험식 $\triangle S = 0.5Ir - 0.085S + I$

- $\triangle S$: 슬러지 증식량(kg/d)
- S: 포기조내 MLSS량(kg)
- Ir: 제거BOD량(kg/d)
- I: 원폐수로부터 유입되는 SS량(kg/d)

해 $\triangle S = 0.5Ir - 0.085S + I = 0.5 \cdot 350 - 0.085 \cdot 1,500 + 150 = 197.5 kg/d$

$Ir = \dfrac{(400-50)mg \cdot 1,000m^3 \cdot kg \cdot 10^3 L}{L \cdot d \cdot 10^6 mg \cdot m^3} = 350 kg/d$

$S = \dfrac{6,000mg \cdot 250m^3 \cdot kg \cdot 10^3 L}{L \cdot 10^6 mg \cdot m^3} = 1,500 kg$

$I = \dfrac{150mg \cdot 1,000m^3 \cdot kg \cdot 10^3 L}{L \cdot d \cdot 10^6 mg \cdot m^3} = 150 kg/d$

답 $197.5 kg/d$

143 ☆☆

다음 조건으로 직각 3각웨어의 유량(m^3/h)을 구하시오.

- 수로 폭: 1m
- 웨어 수두: 0.25m
- 수로 밑변으로부터 절단 하부점까지의 높이: 0.5m
- 유량계수 $K = 81.2 + \dfrac{0.24}{h} + (8.4 + \dfrac{12}{\sqrt{D}}) \cdot (\dfrac{h}{B} - 0.09)^2$

해 $Q(m^3/min) = K \cdot h^{2.5} = 82.809 \cdot 0.25^{2.5} = 2.588 m^3/min = 155.28 m^3/h$

$K = 81.2 + \dfrac{0.24}{0.25} + (8.4 + \dfrac{12}{\sqrt{0.5}}) \cdot (\dfrac{0.25}{1} - 0.09)^2 = 82.809$

Q: 유량(m^3/min) K: 유량계수 h: 웨어수두(m) B: 수로 폭
D: 수로 밑변으로부터 절단 하부점까지의 높이(m) ※4각웨어 유량 $Q = Kbh^{1.5}$ (b: 절단 폭)

답 $155.28 m^3/h$

144 ☆☆

다음 조건에서 총 알칼리도($mg/L\ as\ CaCO_3$)를 구하시오.

- CO_3^{2-} 농도: 30mg/L
- HCO_3^- 농도: 55mg/L
- pH: 10

해 총 알칼리도 $= \dfrac{1.7 \cdot (100/2)}{(17/1)} + \dfrac{30 \cdot (100/2)}{(60/2)} + \dfrac{55 \cdot (100/2)}{(61/1)} = 100.08 mg/L\ as\ CaCO_3$

$OH^- M = 10^{-(14-10)} M \rightarrow \dfrac{10^{-4} mol \cdot 17g \cdot 10^3 mg}{L \cdot mol \cdot g} = 1.7 mg/L$

답 $100.08 mg/L\ as\ CaCO_3$

145 ☆

산성도 4, 온도 25℃, 조성이 표와 같은 물을 연수화하기 위한 응집제 선정시 총 알칼리도($g/L\ as\ CaCO_3$)를 구하시오.

성분	Ca^{2+}	Mg^{2+}	HCO_3^-	CO_3^{2-}	Ba^{2+}
농도(eq/L)	5	2	3	0.05	3

해 알칼리도 물질: HCO_3^-, CO_3^{2-} → $\dfrac{(3+0.05)eq \cdot 50g}{L \cdot eq} = 152.5 g/L\ as\ CaCO_3$

답 $152.5 g/L\ as\ CaCO_3$

146 ☆☆☆

등비증가법에 따라 도시인구가 10년간 3.3배 증가했을 때 연평균 인구 증가율(%)을 구하시오.

해 $P_n = P(1+r)^n \rightarrow \dfrac{P_n}{P} = (1+r)^n$

$\dfrac{P_{10}}{P} = (1+r)^{10} = 3.3 \rightarrow 10 \cdot \log(1+r) = \log(3.3) \rightarrow 1+r = 10^{\frac{\log(3.3)}{10}} \rightarrow r = 0.1268 = 12.68\%$

답 12.68%

147

1개월 동안 대장균 계수 자료가 오름차순으로 주어졌을 때 기하평균과 중간 값을 구하시오.

대장균 계수자료
1   13   60   85   150   234   330   331

해 -기하평균: $(변수들의 곱)^{\frac{1}{n}} = (1 \cdot 13 \cdot 60 \cdot 85 \cdot 150 \cdot 234 \cdot 330 \cdot 331)^{\frac{1}{8}} = 63.19$

-중간 값: 자료가 8개니 중간값은 4번째와 5번째 값의 중간이 중간값이다. → $\frac{85+150}{2} = 117.5$

답 기하평균: 63.19   중간 값: 117.5

148

회분침강농축 실험해 다음 그래프를 얻었다. 슬러지 초기 농도가 10g/L일 때, 6시간 정치 후 슬러지 농도(g/L)를 구하시오.

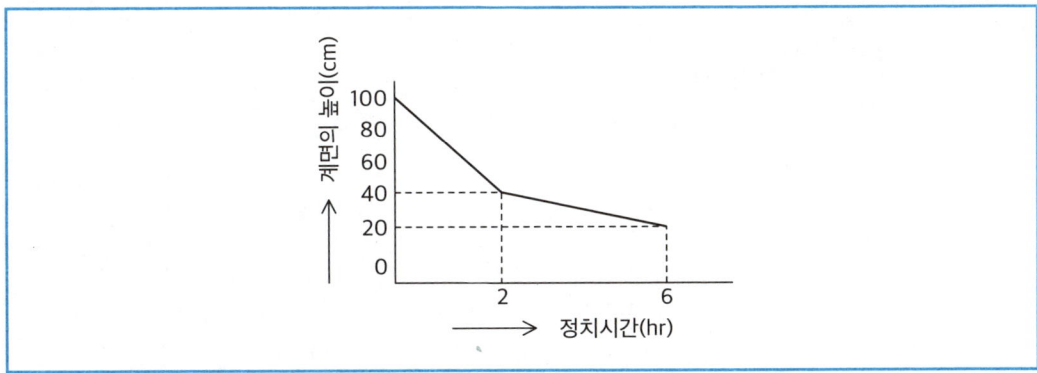

해 $C_t = C_0 \cdot \frac{h_0}{h_t} = \frac{10g \cdot 100cm}{L \cdot 20cm} = 50g/L$

답 50g/L

149 ☆☆☆

다음 조건에서 유출수의 BOD농도(mg/L)를 구하시오.

- 급수인구: 50,000명
- 급수 보급률: 50%
- 평균 급수량: 500L/인·d
- 하수량: 급수량·0.8
- COD 배출량: 50g/인·d
- COD 처리율: 90%
- 하수도 보급률: 50%
- BOD/COD: 0.7

해 유출 BOD농도 = $\dfrac{\text{유출 BOD량}}{\text{발생 유량}} = \dfrac{87,500g \cdot d \cdot 1,000mg \cdot m^3}{d \cdot 5,000m^3 \cdot g \cdot 1,000L}$ = 17.5mg/L

유출 BOD량 = COD배출량·급수인구·급수 보급률·(1−COD처리율)·BOD/COD

$= \dfrac{50g \cdot 50,000인 \cdot 0.5 \cdot (1-0.9) \cdot 0.7}{인 \cdot d}$

$= 87,500g/d$

발생 유량 = 급수인구·평균 급수량·급수 보급률·하수량·하수도 보급률

$= \dfrac{50,000인 \cdot 500L \cdot 0.5 \cdot 0.8 \cdot 0.5 \cdot m^3}{인 \cdot d \cdot 1,000L}$

$= 5,000m^3/d$

답 17.5mg/L

150

다음 조건을 이용해 물음에 답하시오.

- 평균급수량: 500L/인·d
- 계획인구: 10^5인
- 급수보급률: 90%
- 1일 최대급수량 = 1.5 · 1일평균급수량

1. 1일 평균급수량(m^3/d)
2. 1일 최대급수량(m^3/d)
3. 시간최대급수량(m^3/d)(중소형 도시 경우 변동계수는 1일 최대급수량의 2배)
4. 위 값들로 정수장 설계시 용량(m^3/d)

해 1. $\dfrac{500L \cdot 10^5\text{인} \cdot 0.9 \cdot m^3}{\text{인} \cdot d \cdot 10^3 L} = 45,000\, m^3/d$

2. 1일 최대급수량=1.5·1일평균급수량=1.5·45,000=67,500 m^3/d

3. 2·67,500=135,000 m^3/d

4. 정수장 설계시 용량=1일 최대급수량=67,500 m^3/d

답 1. $45,000\,m^3/d$ 2. $67,500\,m^3/d$ 3. $135,000\,m^3/d$ 4. $67,500\,m^3/d$

151

총 인 농도가 $30\mu g/L$ 에서 $100\mu g/L$ 로 30일 만에 상승했다. 호수 바닥 면적 $1km^2$, 수심 5m일 때 총 인 용출률(mg/m^2·d)를 구하시오.

해 용출률 = $\dfrac{\Delta \text{인 농도} \cdot \text{수심}}{\text{일수}} = \dfrac{(100-30)\mu g \cdot 5m \cdot mg \cdot 1,000L}{L \cdot 30d \cdot 10^3 \mu g \cdot m^3} = 11.67\,\text{mg}/m^2\cdot d$

답 11.67mg/m^2·d

152 ☆☆☆

$10^6 m^2$ 의 호수에 강우 PCB농도가 $0.1\mu g/L$, 연평균 강우량이 70cm인 강우에 의해 호수로 직접 유입되는 PCB 양(ton/yr)을 구하시오.

해 면적 · PCB농도 · 강우량 $= \dfrac{10^6 m^2 \cdot 0.1\mu g \cdot 0.7m \cdot 1,000L \cdot ton}{L \cdot yr \cdot m^3 \cdot 10^{12}\mu g} = 0.7 \cdot 10^{-4} ton/yr$

답 $0.7 \cdot 10^{-4} ton/yr$

153 ☆

유량 $200 m^3/d$, pH3인 황산화수소를 수산화나트륨(나트륨 함량 90%)으로 중화시킬 때 필요한 수산화나트륨 양(kg/d)을 구하시오.

해 $\dfrac{유량 \cdot [H^+] \cdot 분자량}{나트륨\ 함량\%} = \dfrac{200m^3 \cdot 10^{-3}eq \cdot 40g \cdot 1,000L \cdot kg}{d \cdot L \cdot eq \cdot 0.9 \cdot m^3 \cdot 1,000g}$ =8.89kg/d

답 8.89kg/d

154 ★★★

다음 조건에서 물음에 대한 답변을 구하시오.

- 여과율: $5L/m^2 \cdot min$
- 역세척률: $10L/m^2 \cdot min$
- 각 여과지 역세척 운전: 12시간마다 10분씩
- 침전 유출수: $100m^3/d$
- 여과 유출속도: $2L/m^2 \cdot min$
- 역세척 위해 여과지 1기의 운전이 중지될 때의 여과율: $6L/m^2 \cdot min$

1. 소요 여과지 개수(지) 2. 역세척에 사용되는 여과용량(%)

해 1. 소요 여과지 개수 = $\dfrac{총\ 여과면적}{1지\ 여과면적} = \dfrac{14.085m^2 \cdot 지}{2.348m^2} = 5.998 ≒ 6$지

총 여과면적 = $\dfrac{침전\ 유출수}{여과율 \cdot 세척운전시간} = \dfrac{100m^3 \cdot m^2 \cdot min \cdot 1,000L \cdot d}{d \cdot 5L \cdot m^3 \cdot (24 \cdot 60 - 20)min} = 14.085m^2$

(24·60-20): 12시간씩 10분 역세척하니 하루는 총 20분 감소된다.

1지 여과면적 = 총 여과면적 - 운전중지 시 여과면적

$= 14.085m^2 - \dfrac{100m^3 \cdot m^2 \cdot min \cdot 1,000L \cdot d}{d \cdot 6L \cdot m^3 \cdot (24 \cdot 60 - 20)min} = 2.348m^2/$지

(24·60-20): 12시간씩 10분 역세척하니 하루는 총 20분 감소된다.

2. 역세척에 사용되는 여과용량 = $\dfrac{역세척량}{여과수량} \cdot 100 = \dfrac{2.817}{60} \cdot 100 = 4.7\%$

역세척량 = 총 여과면적 · 역세척률 · 역세척운전시간 = $\dfrac{14.085m^2 \cdot 10L \cdot 20min \cdot m^3}{m^2 \cdot min \cdot d \cdot 1,000L}$

$= 2.817 m^3/d$

$\dfrac{20min}{d}$: 12시간씩 10분 역세척하니 하루에 총 20분 역세척한다.

여과수량 = 침전 유출수 - 총 여과면적 · 여과 유출속도 · 세척운전시간

$= 100m^3/d - \dfrac{14.085m^2 \cdot 2L \cdot 1,420min \cdot m^3}{m^2 \cdot min \cdot d \cdot 1,000L} = 60m^3/d$

1,420min: 12시간씩 10분 역세척하니 하루는 총 20분 감소된다.

답 1. 6지   2. 4.7%

155 ☆☆

다음 조건에서 소화조 하반부에 슬러지가 차 있으며 가스는 상반부에 있을 때 소화조 용량(m^3)을 구하시오.

- 인구 수: 25,000인
- VS: 0.7 · 건조고형물
- 저장기간: 45d
- 온도: 35℃
- 소화슬러지 건조고형물: 10%
- 소화슬러지 비중: 1.03(습윤 기준)
- 생슬러지 발생량: 0.1kg/인 · d(건조고형물기준)
- 건조고형물: 0.05 · 슬러지
- 슬러지 비중: 1.01(습윤 기준)
- 소화기간: 20d
- VS소화율: 60%(고정성 고형물 변화없음)
- $V_{avg} = [V_1 - \frac{2}{3}(V_1 - V_2)]$·소화기간
- 소화조 용량: 소화, 저장기간 고려한 소화조 내 총 슬러지 부피의 2배

해 소화조용량 = (소화부피 + 저장부피) · 2 = (612.047 + 951.795) · 2 = 3,127.68m^3

소화부피 = $(V_1 - \frac{2}{3}(V_1 - V_2))$ · 소화기간 = $(49.505 - \frac{2}{3}(49.505 - 21.151))\frac{m^3}{d}$ · 20d
= 612.047m^3

$V_1 = \frac{생슬러지 발생량 · 인구 수}{건조고형물 · 비중} = \frac{0.1kg · 25,000인 · m^3}{인 · d · 0.05 · 1,010kg} = 49.505m^3/d$

$V_2 = \frac{소화후 VS + 소화후 FS}{소화슬러지 건조고형물(\%) · 소화슬러지 비중} = \frac{(1,428.571 + 750)kg · m^3}{d · 0.1 · 1,030kg}$
= 21.151m^3/d

소화후 $VS = \frac{생슬러지 발생량 · 인구 수 · (1 - VS소화율)}{VS량}$
= $\frac{0.1kg · 25,000인 · (1 - 0.6)}{인 · d · 0.7} = 1,428.571kg/d$

소화후 FS = 생슬러지 발생량 · 인구 수 · (1 - VS량)
= $\frac{0.1kg · 25,000인 · (1 - 0.7)}{인 · d} = 750kg/d$

저장부피 = V_2 · 저장기간 = $\frac{21.151m^3 · 45d}{d} = 951.795m^3$

답 3,127.68m^3

156 ☆

생물학적 처리공정에서 유량이 2,000m^3/d, 500mg/L의 생분해성 SCOD를 함유한 하수가 유입된다. 방류수의 생분해성 SCOD가 50mg/L, VSS가 200mg/L일 때 측정수율(g VSS/g 제거 SCOD)을 구하시오.(반송 없음.)

해 측정수율 = $\dfrac{g\ VSS}{g\ 제거\ SCOD} = \dfrac{200mg \cdot L}{L \cdot (500-50)mg}$ = 0.44g VSS/g 제거SCOD

답 0.44g VSS/g 제거SCOD

157 ☆☆

100m^3/d 슬러지(함수율: 95%, 비중: 1)를 탈수하려 한다. 염화제1철 및 소석회를 슬러지 고형물 건조중량당 각각 5%, 20%를 첨가해 15$kg/m^2 \cdot h$의 여과속도로 탈수하여 수분 75%의 탈수 케이크를 얻으려 할 때, 여과기 여과면적(m^2)과 탈수 케이크 용적(m^3/d)을 구하시오.

해 -여과기 여과면적

$$\dfrac{슬러지량 \cdot (1-함수율) \cdot 첨가량 \cdot 비중}{여과속도}$$

$= \dfrac{100m^3 \cdot 0.05 \cdot 1.25 \cdot m^2 \cdot h \cdot 1,000kg \cdot d}{d \cdot 15kg \cdot m^3 \cdot 24h} = 17.36m^2$

-탈수 케이크 용적

$$\dfrac{슬러지량 \cdot (1-함수율) \cdot 첨가량 \cdot 비중}{(1-케이크\ 함수율) \cdot 비중}$$

$= \dfrac{100m^3 \cdot 0.05 \cdot 1.25 \cdot 1,000kg \cdot m^3}{d \cdot m^3 \cdot 0.25 \cdot 1,000kg} = 25m^3/d$

답 여과기 여과면적: 17.36m^2 탈수 케이크 용적: 25m^3/d

158 ☆

BOD 제거율: 40%, BOD 중 용해성 BOD: 30%일 때 부유물 제거율(%)을 구하시오.

해 부유물은 비용해성이니 BOD 중 70%이다. 따라서 부유물 제거율은 0.4 · 0.7 = 0.28 = 28%다.

답 28%

159 ☆

바닥은 수평한 불투수층이고 지하수는 측벽에서만 유입된다. 또한 원지하 수심은 5m, 집수매거 수심은 1m, 집수 매거 길이 200m, 영향반경은 150m, 투수계수 0.01m/s일 때 취수량(m^3/d)을 구하시오.

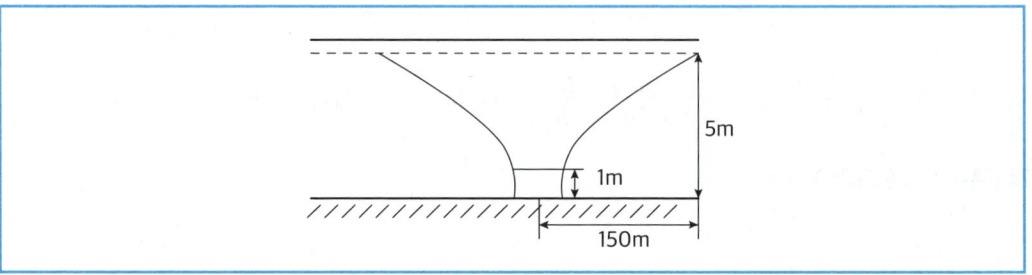

해 $Q = \dfrac{KL(H^2 - h^2)}{R} = \dfrac{0.01m \cdot 200m \cdot (5^2 - 1^2)m^2 \cdot (60 \cdot 60 \cdot 24)s}{s \cdot 150m \cdot d} = 27,648 m^3/d$

Q : 취수량 K : 투수계수 L : 길이 H : 원지하수심 h : 집수 매거 수심 R : 영향반경

답 $27,648 m^3/d$

160 ☆

다음 조건으로 물음에 대한 답변을 하시오.

- 분뇨발생량: 100kL/d
- 소화 전 VS/TS: 0.65
- VS(kg)제거당 가스생산량: $1.3 m^3/kg$
- 소화 전 TS/SL: 0.05
- 소화 후 VS/TS: 0.45
- 분뇨, 슬러지 비중: 1

1. VS 제거율(%)   2. TS 제거율(%)   3. 가스생산량/분뇨유입량 값

해 1. $VS 제거율 = (1 - \dfrac{VS_o}{VS_i}) \cdot 100 = (1 - \dfrac{1.432}{3.25}) \cdot 100 = 55.94\%$

$VS_i = 100 kL/d \cdot 0.05 \cdot 0.65 = 3.25 kL/d$
$FS = 100 kL/d \cdot 0.05 \cdot (1 - 0.65) = 1.75 kL/d$
$TS_o = \dfrac{1.75 kL}{d \cdot 0.55} = 3.182 kL/d$
$VS_o = 3.182 kL/d \cdot 0.45 = 1.432 kL/d$

2. $TS 제거율 = (1 - \dfrac{TS_o}{TS_i}) \cdot 100 = (1 - \dfrac{3.182}{5}) \cdot 100 = 36.36\%$

$TS_i = 3.25 + 1.75 = 5 kL/d$
$TS_o = 3.182 kL/d$

3. $\dfrac{(3.25 - 1.432)kL \cdot 1.3 m^3 \cdot d \cdot 1,000 kg}{d \cdot kg \cdot 100 kL \cdot m^3} = 23.63$

TS: 총고형물 SL: 슬러지양 VS: 휘발성고형물 FS: 잔류성고형물

답 1. 55.94%   2. 36.36%   3. 23.63

161 ☆☆☆☆

고형물 농도: 30,000mg/L 슬러지를 농축시키기 위한 농축조를 설계하기 위해 다음과 같은 결과가 나왔다. 농축 슬러지의 고형물 농도가 50,000mg/L가 되기 위해 소요되는 농축시간(h)을 구하시오.(단, 상등수 고형물농도: 0이며 농축 전후의 슬러지 비중: 1)

농축시간(h)	0	2	4	6	8	10	12	14
계면높이(cm)	100	60	40	30	25	24	22	20

해 $h_t = h_o \cdot \dfrac{C_o}{C_t} = 100 \cdot \dfrac{30,000}{50,000} = 60 cm$ → 계면높이가 60cm이므로 농축시간은 2시간이다.

답 2시간

162 ☆☆☆☆

수면적부하 : $30 m^3/m^2 \cdot d$ 이고, SS 침강속도 분포가 다음 표와 같은 침전지에서 나올 수 있는 SS 제거율(%)을 구하시오.

침강속도(cm/min)	3	2	1	0.7	0.5
SS 백분율(%)	20	25	30	15	10

해 침강속도 > 수면적부하이면 전부 제거된다.

수면부하 = $\dfrac{30 m^3 \cdot 100 cm \cdot d}{m^2 \cdot d \cdot m \cdot 24 \cdot 60 min} = 2.08 cm/min$

SS 제거율 = $20 + 25 \cdot \dfrac{2}{2.08} + 30 \cdot \dfrac{1}{2.08} + 15 \cdot \dfrac{0.7}{2.08} + 10 \cdot \dfrac{0.5}{2.08} = 65.91\%$

침전속도 3cm/min는 수면부하보다 크기에 100% 침전된다.

답 65.91%

163 ☆

하수에 500kg/d의 염소가 포함되도록 염소농도 15wt%, 비중 1인 차아염소나트륨(NaOCl) 주입 시, 주입해야 할 NaOCl 부피(L/min)를 구하시오.

해 부피 = $\dfrac{500 kg \cdot L \cdot d}{d \cdot 0.15 \cdot 1 kg \cdot (60 \cdot 24) min} = 2.31 L/min$

답 2.31L/min

164

1시간 접촉 후 다음 조건에서 NaOCl의 1일 첨가량(kg/d)을 각각의 경우 계산하시오.
(유량: $24,000 m^3/d$)

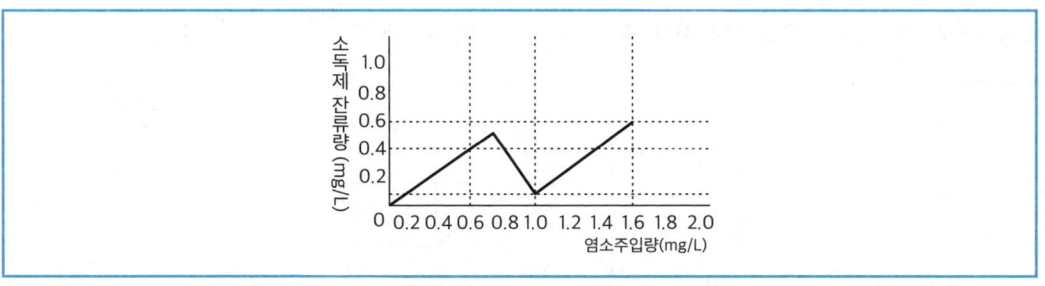

1. 유리잔류염소: 0.5mg/L일 때   2. 결합잔류염소: 0.4mg/L일 때

해 첫 상승구간: 결합잔류염소, 염소주입량 1mg/L: 파과점, 두 번째 상승구간: 유리잔류염소

1. 파과점에서 결합잔류염소가 0.1mg/L이니 소독제 잔류량은 0.1 + 0.5 = 0.6mg/L이며 그에 해당하는 염소 주입량은 1.6mg/L이다.

$$\frac{1.6mg \cdot 24,000m^3 \cdot 1,000L \cdot kg}{L \cdot d \cdot m^3 \cdot 10^6 mg} = 38.4 kg/d$$

Cl_2 : $NaOCl$
71 : 74.5
38.4 : X

$X = \dfrac{74.5 \cdot 38.4}{71} = 40.29 kg/d$

2. 결합잔류염소가 0.4mg/L이니 그에 해당하는 염소주입량은 0.6mg/L이다.

$$\frac{0.6mg \cdot 24,000m^3 \cdot 1,000L \cdot kg}{L \cdot d \cdot m^3 \cdot 10^6 mg} = 14.4 kg/d$$

Cl_2 : $NaOCl$
71 : 74.5
14.4 : X

$X = \dfrac{74.5 \cdot 14.4}{71} = 15.11 kg/d$

답 1. 40.29kg/d   2. 15.11kg/d

165

시추공에서 $1,000m^3/d$ 으로 양수하면서 1,000m 떨어진 관측정에서의 시간별 수두강하를 반대수지에 도시했더니 아래 그래프가 나왔다. 이때 대수층의 투수량계수(m^2/min)와 저류계수(유효숫자 3자리)를 Jacob식으로 구하시오.(단, $T = \dfrac{2.3Q}{4\pi \cdot \triangle S}$, $S = \dfrac{2.25 T \cdot t_0}{r^2}$ 이용)

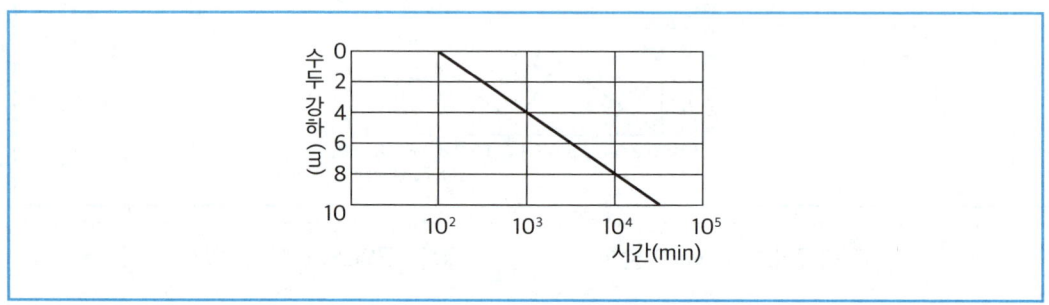

해 투수량계수 $T = \dfrac{2.3Q}{4\pi \cdot \triangle S} = \dfrac{2.3 \cdot 1,000m^3 \cdot d}{d \cdot 4\pi \cdot 4m \cdot 24 \cdot 60min} = 0.03 m^2/min$

$\triangle S$는 1log간격이니 시간축에서 100~1,000min나 1,000~10,000min 수두강하차를 본다.
→ 100~1,000min 수두강하차=4-0=4m, 1,000~10,000min 수두강하차=8-4=4m

저류계수 $S = \dfrac{2.25 T \cdot t_0}{r^2} = \dfrac{2.25 \cdot 0.03 m^2 \cdot 100min}{min \cdot (1,000m)^2} = 6.75 \cdot 10^{-6}$

T: 투수량계수(m^2/min) Q: 유량(m^3/d) $\triangle S$: 1log주기동안의 수위강하(m) S: 저류계수
t_o: 수두강하0인 시간(min) r: 시추공과 관측정간 거리(m)

답 투수량계수: $0.03 m^2/min$ 저류계수: $6.75 \cdot 10^{-6}$

166

$100m^3/h$로 양수할 때 양수정으로부터 10m와 20m 떨어진 관측정의 수위 저하는 각각 2m, 1m였다. 자유 지하수층에 지름 0.5m 우물을 팠고, 양수 전 지하수는 불투수층 위로 20m일 때 이 대수층의 투수계수(m/h)와 양수정에서의 수위저하(m)를 구하시오.

관련 공식은 $Q = \dfrac{\pi k(H^2 - h_o^2)}{2.3\log(\dfrac{R}{r_o})} = \dfrac{\pi k(h_2^2 - h_1^2)}{\ln(\dfrac{r_2}{r_1})}$ 이다.

해 투수계수

$$Q = \dfrac{\pi k(h_2^2 - h_1^2)}{\ln(\dfrac{r_2}{r_1})} \to 100 = \dfrac{\pi k((20-1)^2 - (20-2)^2)}{\ln(\dfrac{20}{10})} \to k = \dfrac{100\ln 2}{\pi(19^2 - 18^2)} = 0.6 m/h$$

수위저하

$$Q = \dfrac{\pi k(h_2^2 - h_1^2)}{\ln(\dfrac{r_2}{r_1})} \to 100 = \dfrac{\pi \cdot 0.6 \cdot ((20-2)^2 - X^2)}{\ln(\dfrac{10}{\dfrac{0.5}{2}})} \to \dfrac{100\ln\dfrac{20}{0.5}}{\pi \cdot 0.6} = 18^2 - X^2$$

$\to X^2 = 128.299 \to X = \sqrt{128.299} = 11.33m \to$ 수위저하 $= 20 - 11.33 = 8.67m$

Q: 양수량(m^3/h) k: 투수계수(m/h) H: 원지하수 두께(m) h_o: 양수 중 우물 수심(m)
R: 영향원 반지름(m) r_o: 우물 반지름(m) h_1, h_2: 지하수깊이 $-$ 수위저하(m)
r_1: 우물 반지름(m) r_2: 양수정과 관측정 거리(m)

답 대수층 투수계수: 0.6m/h   양수정에서의 수위저하: 8.67m

167

지하수가 4개의 대수층 통과 시 수평과 수직방향 평균투수계수(cm/d)를 구하시오.

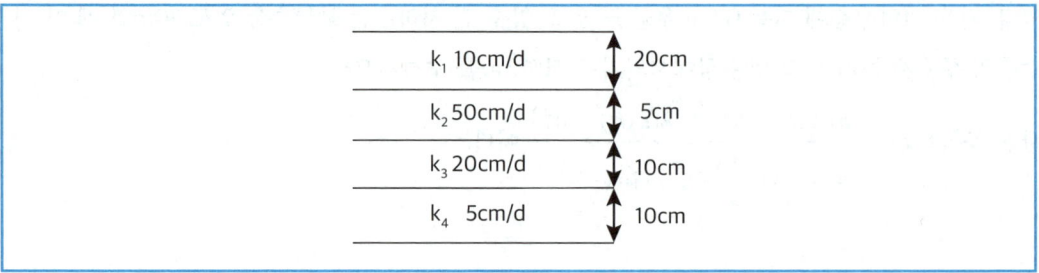

해 - 수평방향 평균투수계수

$$k_x = \frac{\Sigma k_n h_n}{\Sigma h_n} = \frac{10 \cdot 20 + 50 \cdot 5 + 20 \cdot 10 + 5 \cdot 10}{20 + 5 + 10 + 10} = 15.56 \text{cm/d}$$

- 수직방향 평균투수계수

$$k_y = \frac{\Sigma h_n}{\Sigma \frac{h_n}{k_n}} = \frac{20 + 5 + 10 + 10}{\frac{20}{10} + \frac{5}{50} + \frac{10}{20} + \frac{10}{5}} = 9.78 \text{cm/d}$$

답 수평방향 평균투수계수: 15.56cm/d   수직방향 평균투수계수: 9.78cm/d

168

30cm・30cm・30cm 크기의 시스템 증발산량(cm/d)을 구하시오.

- 1일차 상자 전체 무게: 20kg
- 3일차 상자 전체 무게: 19.5kg

해 증발산량 $= \dfrac{\triangle \text{무게}}{\text{경과시간} \cdot \text{면적} \cdot \text{물 밀도}} = \dfrac{(20-19.5)kg \cdot m^3 \cdot 100cm}{2d \cdot 0.3m \cdot 0.3m \cdot 1,000kg \cdot m} = 0.28 cm/d$

답 0.28cm/d

169 ☆

다음 조건에서 10대 트럭으로 운반 시 소요시간(d)를 구하시오.

- 잔토 부피: $20m$ • $50m$ • $5m$
- 적재용적: $5m^3$/대 • 회
- 트럭 작업시간: 10h/d
- 토량환산계수 f: 0.8
- 덤프트럭 대수: 10대
- 운행시간: 20min/회
- 작업효율: 90%

헤 소요시간 $= \dfrac{\text{잔토부피}}{\text{운반량} \cdot \text{대수} \cdot \text{작업시간}} = \dfrac{20 \cdot 50 \cdot 5m^3 \cdot h \cdot \text{대} \cdot d}{10.8m^3 \cdot 10\text{대} \cdot 10h} = 4.63d$

운반량 $= \dfrac{\text{적재용적} \cdot \text{토량환산계수} \cdot \text{작업효율}}{\text{운행시간}} = \dfrac{5m^3 \cdot 0.8 \cdot 0.9 \cdot \text{회} \cdot 60\text{min}}{\text{대} \cdot \text{회} \cdot 20\text{min} \cdot h}$
$= 10.8 m^3/h \cdot \text{대}$

답 4.63d

170 ☆

폐수 중화를 위해 NaOH 300kg/d를 이용하는 시설이 있다. 기존에 사용하던 NaOH 대신 $Ca(OH)_2$ 순도 80%를 이용해 처리하고자 할 때 하루 소요량(kg/d)을 구하시오.

헤 $NaOH$당량 $= \dfrac{300kg \cdot eq \cdot 1{,}000g}{d \cdot 40g \cdot kg} = 7{,}500 eq/d \rightarrow \dfrac{7{,}500eq \cdot (74/2)g \cdot kg}{d \cdot eq \cdot 0.8 \cdot 1{,}000g} = 346.88 kg/d$

답 346.88kg/d

171 ☆☆

다음 조건으로 물음에 대한 답변을 하시오.

- 인구 수: 5,000인
- BOD_5 부하량: $0.08 kg/$인$\cdot d$
- 1차 침전조 부유고형물 제거율: 65%
- 1차 침전조 슬러지(비중: 1.01) 함수율: 90%
- 2차 침전조 슬러지(비중: 1.05) 함수율: 95%
- 생성 생물학적 고형물 양: 0.35kg/kg 제거 BOD_5
- 부유고형물 부하량: $0.1 kg/$인$\cdot d$
- 2차 침전조 BOD_5 제거율: 95%
- 1차 침전조 BOD_5 제거율: 30%

1. 1차 침전지 슬러지양(L/d) 2. 2차 침전지 슬러지양(L/d)

해 1. 1차 슬러지량 $= \dfrac{제거 SS양}{고형물함량 \cdot 비중} = \dfrac{325 kg \cdot L}{d \cdot 0.1 \cdot 1.01 kg} = 3,217.82 L/d$

제거 SS양 $= \dfrac{0.1 kg \cdot 5,000인 \cdot 0.65}{인 \cdot d} = 325 kg/d$

고형물 함량 $= 1 - 0.9 = 0.1$
비중 $= 1.01$

2. 2차 슬러지량 $= \dfrac{제거 BOD_5 \cdot 생물학적 고형물량}{고형물함량 \cdot 비중} = \dfrac{260 kg \cdot 0.35 \cdot L}{d \cdot 0.05 \cdot 1.05 kg} = 1,733.33 L/d$

제거 $BOD_5 =$ 유입 $BOD_5 -$ 유출 $BOD_5 = 260 kg/d$

유입 $BOD_5 = \dfrac{0.08 kg \cdot 5,000인 \cdot (1 - 0.3)}{인 \cdot d} = 280 kg/d$

유출 $BOD_5 = \dfrac{0.08 kg \cdot 5,000인 \cdot (1 - 0.95)}{인 \cdot d} = 20 kg/d$

생성 생물학적 고형물량 $= 0.35$
고형물함량 $= 1 - 0.95 = 0.05$
비중 $= 1.05$

답 1. 3,217.82L/d 2. 1,733.33L/d

172 ☆☆

Cu^{2+} 30mg/L, Zn^{2+} 10mg/L, Ni^{2+} 20mg/L 를 함유한 폐수량 $5,000m^3/d$ 을 양이온 교환수지 $10^5 g\, CaCO_3/m^3$ 으로 제거하고자 한다. 10일 주기로 양이온 교환수지가 재생된다할 때 한 주기에 필요한 양이온 교환수지(m^3)를 구하시오.(원자량 Cu: 64, Zn: 65, Ni: 59이다.)

해 양이온 교환수지 부피= $\dfrac{폐수g당량}{제거\,CaCO_3}$ = $\dfrac{4.808 \cdot 10^6 g \cdot m^3}{10^5 g}$ =$48.08m^3$

폐수g당량
= $(\dfrac{30}{64/2}+\dfrac{10}{65/2}+\dfrac{20}{59/2}) \cdot (\dfrac{mg \cdot eq}{L \cdot g}) \cdot \dfrac{100/2g}{eq} \cdot \dfrac{5,000m^3 \cdot g \cdot 1,000L \cdot 10d}{d \cdot 10^3 mg \cdot m^3}$
= $4.808 \cdot 10^6 g$

답 $48.08m^3$

173 ☆☆

경도 300mg/L as $CaCO_3$ 인 폐수 $6,000m^3/d$ 를 50mg/L as $CaCO_3$ 로 처리하고자 한다. 허용 파과점 도달시간을 15일로 할 때 습윤상태를 기준으로 한 이온교환수지(kg)를 구하시오.(단, 이온교환수지 함수율 40%, 건조무게 기준 수지 100g이 250meq 경도 제거)

해 $\dfrac{\triangle 경도 \cdot 유량 \cdot 파과점\,도달시간 \cdot 경도제거량}{(CaCO_3 분자량/당량수) \cdot (1-함수율)}$
= $\dfrac{(300-50)mg \cdot 6,000m^3 \cdot 15d \cdot 1eq \cdot 100g \cdot g \cdot 1,000L \cdot 10^3 meq \cdot kg}{L \cdot d \cdot (100/2)g \cdot 250meq \cdot (1-0.4) \cdot 10^3 mg \cdot m^3 \cdot eq \cdot 10^3 g}$ = $300,000kg$
$1eq=10^3 meq$

답 300,000kg

MEMO

수질환경기사 2006~24년

02

필답 서술형
(기출중복문제 소거 정리)

잠깐! 더 효율적인 공부를 위한 링크들을 적극 이용하세요~!

직8딴 홈페이지
- 출시한 책 확인 및 구매

직8딴 카카오오픈톡방
- 실시간 저자의 질문 답변
  (주7일 아침 11시~새벽 2시까지, 전화로도 함)
- 직8딴 구매자전용 복지와 혜택 획득
  (최소 달에 40만원씩 기프티콘 지급)
- 구매자들과의 소통 및 EHS 관련 정보 습득

직8딴 네이버카페
- 실시간으로 최신화되는 정오표 확인
  (정오표: 책 출시 이후 발견된 오타/오류를 모아놓은 표, 매우 중요)
- 공부에 도움되는 컬러버전 그림 및 사진 습득
- 직8딴 구매자전용 복지와 혜택 획득

직8딴 유튜브
- 저자 직접 강의 시청 가능
- 공부 팁 및 암기법 획득
- 국가기술자격증 관련 정보 획득

2 | 2006~2024년 필답 서술형
기출 중복문제 소거 정리

001 ☆☆☆☆☆☆☆

관정부식 원인과 방지책 4가지 쓰시오.(= 황화수소에 의한 관정부식 원인과 방지책)

답 원인 : 관내가 혐기상태가 되면 하수 중 황산염이 환원되어 황화수소 발생되며 대기에 농축된 후 벽면의 결로로 인해 재용해가 되고, 호기성 상태로 유황산화세균에 의해 산화되어 황산이 생성되어 부식시킨다. 반응식은 $H_2S + 2O_2 \rightarrow H_2SO_4$ 이다.
방지책 : 환기/염소 주입/산소 공급/퇴적물 제거

002 ☆

도수관로 기능 저하 요인 5가지 쓰시오.

답 관 부식/퇴적물 발생/스케일 생성/세굴현상 발생/수격작용 발생

003 ☆

혐기소화조에서 스컴 형성 시 발생 현상과 스컴 방지책 3가지씩 쓰시오.

답 발생 현상 : 소화억제/가스발생 적음/가스관 막힘/소화조 유효용량 감소해 과부하 발생
방지책 : 소화가스 교반/펌프 사용해 상징수 살수/수면에 설치된 스크류 회전

004 ★★★

혐기소화조의 소화가스 발생량 저하원인과 방지책 5가지 쓰시오.

답

저하원인	방지책
온도 저하	온도 상승시킴
소화가스 누출	소화조 수리
과다한 산 생성	부하 조절
소화슬러지 과잉배출	배출량 조절
저농도 슬러지 유입	농도 높임

005 ★★

공동현상 원인과 방지책 3가지씩 쓰시오.

해 공동현상: 펌프의 내부에서 유속이 급변하거나 와류발생, 유로장애 등에 의하여 유체의 압력이 저하되어 포화수증기압에 가까워지면 물속에 용존되어 있는 기체가 액체 중에서 분리되어 기포가 발생하는 현상이며 캐비테이션이라고도 한다.

답
- 원인: 수온 매우 높을 때/흡입양정 매우 클 때/흡입속도 매우 클 때/임펠러 회전속도 매우 빠를 때
- 방지책: 펌프 설치위치 낮춤/흡입관 손실 낮춤/펌프 회전속도 낮춤/필요유효흡입수두 낮춤/가용유효흡입수두 높임

006 ★★★★★★★

수격작용 원인과 방지책 2가지씩 쓰시오.

해 수격작용: 유체가 유동하고 있을 때 정전 혹은 갑작스런 밸브 차단으로 유동하던 유체의 운동에너지가 압력의 변화를 가져와 관로의 벽면을 타격하는 것

답
- 원인: 밸브 급개폐/배관의 급격한 굴곡
- 방지책: 토출측 관로에 플라이 휠 설치/토출측 관로에 압력조절수조 설치/부압발생지점에 흡기밸브 설치

007

슬러지 벌킹 현상 발생원인과 방지책 3가지씩 쓰시오.

📝 — 발생원인 : 영양물질 적을 때/유량 변동 클 때/염류농도 변동 클 때/DO(용존산소) 적을 때/유기성폐수의 무기질 적을 때
   — 방지책 : 영양물질 첨가/MLSS농도 유지/DO(용존산소) 조절/염소를 반송슬러지에 주입

008

핀 플록(pin floc)현상 원인과 방지책 2가지씩 쓰시오.

📝 원인 : F/M비 낮을 때/SRT(미생물체류시간) 높을 때
   방지책 : F/M비 높임/SRT(미생물체류시간) 낮춤

009

불꽃 원자흡수분광광도법에서 간섭 종류(오차 발생원인) 3가지 설명하시오.

해 1.3.1 광학적 간섭
　1.3.1.1 분석하고자 하는 원소의 흡수파장과 비슷한 다른 원소의 파장이 서로 겹쳐 비이상적으로 높게 측정되는 경우이다. 또는 다중원소램프 사용 시 다른 원소로부터 공명 에너지나 속빈 음극램프의 금속 불순물에 의해서도 발생한다. 이 경우 슬릿 간격을 좁힘으로서 간섭을 배제할 수 있다.
　1.3.1.2 시료 중에 유기물의 농도가 높을 경우 이들에 의한 복사선 흡수가 일어나 양(+)의 오차를 유발하게 되므로 바탕선 보정(background correction)을 실시하거나 분석 전에 유기물을 제거하여야 한다.
　1.3.1.3 용존 고체 물질 농도가 높으면 빛 산란 등 비원자적 흡수현상이 발생하여 간섭이 발생할 수 있다. 바탕 값이 커서 보정이 어려울 경우 다른 파장을 선택하여 분석한다.
1.3.2 물리적 간섭
　물리적 간섭은 표준용액과 시료 또는 시료와 시료간의 물리적 성질(점도, 밀도, 표면장력 등)의 차이 또는 표준물질과 시료의 매질(matrix) 차이에 의해 발생한다.
　이러한 차이는 시료의 주입 및 분무 효율에 영향을 주어 양(+) 또는 음(-)의 오차를 유발하게 된다. 물리적 간섭은 표준용액과 시료간의 매질을 일치시키거나 표준물질첨가법을 사용하여 방지할 수 있다.
1.3.3 이온화 간섭
　불꽃온도가 너무 높을 경우 중성원자에서 전자를 빼앗아 이온이 생성될 수 있으며 이 경우 음(-)의 오차가 발생하게 된다. 이러한 간섭은 시료와 표준물질에 보다 쉽게 이온화되는 물질을 과량 첨가하면 감소시킬 수 있다.
1.3.4 화학적 간섭
　불꽃의 온도가 분자를 들뜬 상태로 만들기에 충분히 높지 않아서, 해당 파장을 흡수하지 못하여 발생한다. 그 예로 시료 중에 인산이온(PO_4^{3-}) 존재 시 마그네슘과 결합하여 간섭을 일으킬 수 있다. 칼슘, 마그네슘, 바륨의 분석 시 란타늄(La)을 첨가하여 인산의 화학적 간섭을 배제할 수 있다. 또는 간섭을 일으키는 금속을 킬레이트제 등으로 제거할 수 있다.

답 이온화 간섭: 불꽃온도가 너무 높을 경우 발생
　물리적 간섭: 표준물질과 시료 매질 차이에 의해 발생
　광학적 간섭: 분석하고자 하는 원소의 흡수파장과 비슷한 다른 원소의 파장이 서로 겹쳐 비이상적으로 높게 측정되는 경우

010

호소 부영양화 방지책 중 호소 내 대책 4가지 쓰시오.

해

호소 내 대책	- 심층폭기 - 차광막 설치 - 부착조류 제거 - 염양염류농도 높은 심층수 방류 - 외부 수류 끌어들여 교환율 높임 - 영양염류 농축되어 있는 저질토 준설 - 저질토를 합성수지로 도포해 저질토에서 나오는 물질 차단
호소 외 대책	- 방류수를 하류로 유로변경 - 주변 오염물질 배출장소 감시 - 고도처리로 유역으로부터의 영양염 유입 차단

답 심층폭기/차광막 설치/부착조류 제거/염양염류농도 높은 심층수 방류

011

A^2/O 공정을 그리고, 인 제거 원리를 설명하시오.

답 A^2/O 공정

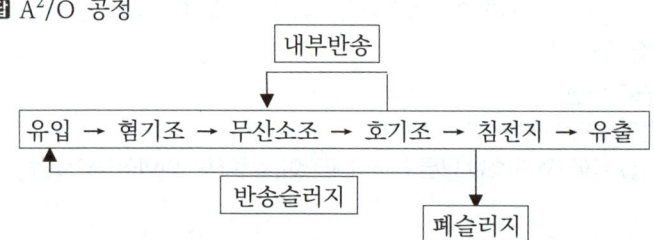

인 제거 원리 : 혐기조에서 인 방출하고, 무산소조에서 탈질산화하고, 호기조에서 인 과잉흡수해 제거한다. 또한 내부반송으로 호기조에서 산화된 질소를 무산소조로 반송해 탈질산화한다.

012 ☆☆☆☆☆

A/O와 Phostrip 공정을 주요 반응조별 역할 중점으로 설명하시오.

📖 − A/O 공정

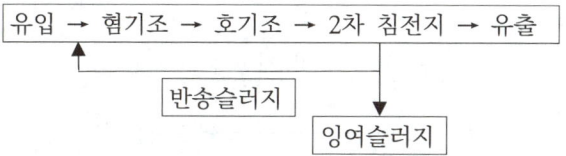

인만 처리 가능하며 혐기조에서 인 방출, 유기물 제거하며 호기조에서 인 과잉 흡수해 제거한다.

− Phostrip 공정

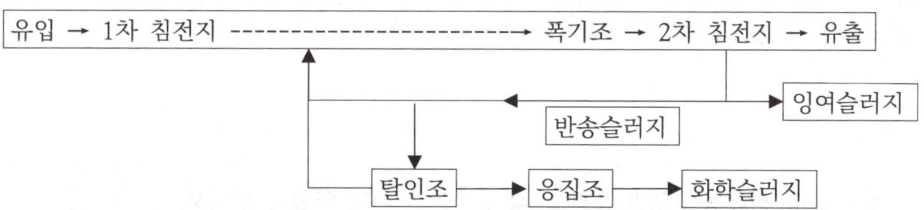

탈인조에서 인 방출하고, 폭기조에서 인 과잉흡수해 제거한다. 공정 운전성 좋고, 기존 활성슬러지 처리장에 쉽게 적용 가능하나 응집조에 석회주입 필요하고, 스트리핑을 위해 반응조가 필요하다.

013 ☆☆☆☆☆

생물학적 인 제거 공정인 Phostrip 공정에서 각각의 역할을 쓰시오.

| 1. 폭기조 | 2. 탈인조 | 3. 탈인조 슬러지 | 4. 화학침전 |

📖 1. 인 과잉흡수 2. 인 방출 3. 슬러지 반송해 인 과잉 흡수 유도 4. 인 응집침전

014

Sidestream법 적용한 공법 이름과 원리, 장점, 단점 1가지씩 쓰시오.

답 – 공법 이름 : Phostrip 공법
– 원리

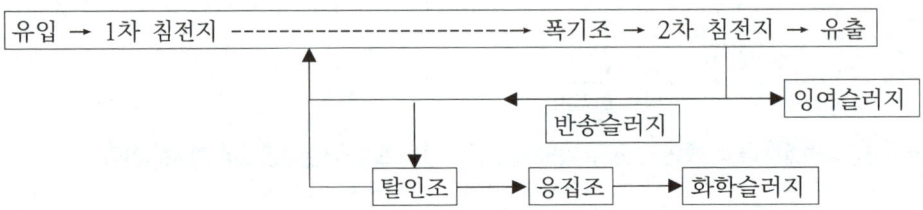

탈인조에서 인 방출하고, 폭기조에서 인 과잉흡수해 제거한다. 공정 운전성 좋고, 기존 활성슬러지 처리장에 쉽게 적용 가능하나 응집조에 석회주입 필요하고, 스트리핑을 위해 반응조가 필요하다.

015

5단계(= 수정) Bardenpho 공정도를 그리고, 각 반응조 이름과 역할을 쓰시오.

답

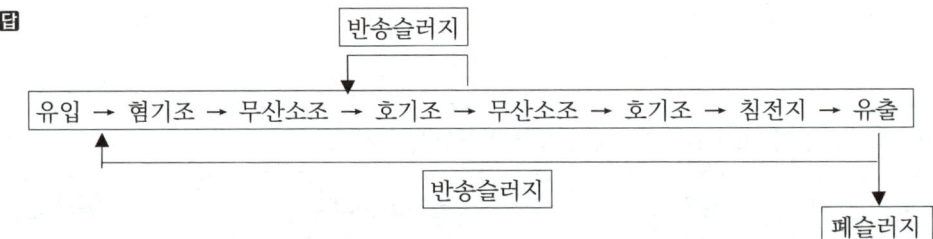

혐기조에서 인 방출하고, 무산소조에서 질산성 질소 제거하고, 호기조에서 질산화, 유기물 제거, 인 과잉흡수 하고, 무산소조에서 잔류 질산성 질소 제거하고, 호기조에서 암모니아성 질소 산화하고, 인 재방출 방지한다.

016 ★★★

SBR(연속회분식 반응조) 공정도를 그리고 반응 단계의 역할을 쓰시오.

📖 주입 → 반응 → 침전 → 제거 → 휴지
　주입: 기질을 반응조에 주입
　반응: 주입단계에서 시작된 반응 완결시킴
　침전: 고형물 분리해 침전된 상징액을 유출수로 배출
　제거: 침전 처리수를 반응조로부터 제거
　휴지: 반응조가 주입단계 완료하기 전 다른 반응조로 교체 가능하도록 시간을 주며 생략되기도 함.

017 ★★

생물학적 질산화 – 탈질 조합 공정의 탈질조와 포기조에서의 화학적 조성변화와 역할을 쓰시오.

📖 – 탈질조
　　화학적 조성변화: 질산, 아질산이 탈질화로 pH 증가되며 COD가 유기탄소원으로 소비됨
　　역할: 탈질화, 유기물 제거
　– 포기조
　　화학적 조성변화: 암모니아성 질소가 질산화로 pH 감소되며 COD가 호기성 분해됨
　　역할: 질산화, 유기물 제거

018 ★

수학적 수질모델링 절차이다. 빈칸을 채우시오.

| 설계 및 자료수집 → (A) → (B) → (C) → (D) → 수질예측 및 평가 |

📖 A: 모델링 프로그램 선택 및 운영　B: 보정　C: 검증　D: 감응도 분석

019 ☆☆

환경영향평가 과정 및 수행체계 순서이다. 빈칸을 채우시오.

> 스크리닝 → 제안행위 목적 및 특성기술 → (A) → 스코핑 → (B) → (C) → 저감방안 설정 → (D) → 평가서 작성 → 제안행위 승인 → (E)

해 스코핑: 사업자가 환경 영향 평가서를 작성할 때 선택과 집중 차원에서 꼭 평가해야 할 항목과 범위를 미리 정하는 절차

답 A: 대안설정 B: 현황조사 C: 예측 및 평가 D: 대안평가 E: 사업시행

020 ☆

환경영향평가 과정을 7단계로 나눌 때 순서를 쓰시오.

답 평가사업여부 결정 → 중점평가항목 선정 → 현황조사 → 예측 및 평가 → 저감방안 설정 → 사후관리

021 ☆

정수장에서 사용하는 GAC(입상활성탄) 제조 공정을 쓰시오.

답 석탄 → 분쇄, 성형 → 건류탄화(500~800℃) → 파쇄 → 수증기 활성화(800~1,000℃) → 분체

022 ☆

공정표 작성방법 중 막대식과 네트워크식의 장점과 단점, 용도를 2개씩 쓰시오.

답

	막대식	네트워크식
장점	작성 단순/일목요연하게 정리	내용파악 쉬움/여유시간 관리 편함
단점	시간과 관련성 없음/여유시간 파악 어려움	작성 복잡/공정 세분화 어려움
용도	소규모 공사/단순작업	대규모 공사/완성일 표시된 공사

023 ☆

중온 혐기성 소화와 비교해 고온 혐기성 소화의 장점 2가지 쓰시오.

📝 소화일수 적음/메탄 생성량 많음/탈수능력 향상/박테리아 사멸률 증가/소화조 용량 줄이기 가능

024 ☆☆

혐기소화법과 호기소화법의 장점과 단점을 3가지씩 쓰시오.

📝

	혐기소화법	호기소화법
장점	- 동력비 낮음 - 메탄 생성량 많음 - 슬러지 생성량 적음	- 운전 용이 - 악취발생 적음 - 초기시공비 적음 - 상징수 수질 좋음
단점	- 악취 발생 - 고온 요구 - 운전조건 변화시 적응시간 긺	- 동력비 높음 - 탈수성 낮음 - 저온시 효율 낮음 - 유기물 감소율 낮음 - 건설부지 많이 필요

025 ☆

다음 빈칸을 채우시오.

항목	완속여과지	급속여과지(단층)
여과속도	(A)	120~150m/d
유효경	(B)	0.45~0.7mm
균등계수	2 이하	(C)
여과층 두께(모래층)	70~90cm	(D)

해

	완속여과	급속여과
여과속도	4~5m/d	120~150m/d
모래층 구조	유효경: 0.3~0.45mm 균등계수: 2 이하 모래층 두께: 70~90cm	유효경: 0.45~0.7mm 균등계수: 1.7 이하 모래층 두께: 60~70cm
미생물 제거율	바이러스 99% 지아디아 포낭 99%	바이러스 99% 지아디아 포낭 99.68%
여재 재생법	표면여과	역세척/표면세척/공기세척
유지비	낮음	높음
건설비	높음	낮음
공극률	높음	낮음
여과지 깊이	2.5-3.5m	1-1.5m
여과지 1지 면적	-	$150m^2$ 이하

답 A: 4~5m/d B: 0.3~0.45mm C: 1.7 이하 D: 60~70cm

026 ☆

다음 관점으로 급속여과와 완속여과를 비교하시오.

| 1. 건설비 | 2. 유지비 | 3. 미생물 제거율 | 4. 공극률 |

답

	급속여과	완속여과
건설비	낮음	높음
유지비	높음	낮음
미생물 제거율	낮음	높음
공극률	높음	낮음

027 ☆☆

PAC를 황산반토(Alum)와 비교해 장점 5가지 쓰시오.

답 응집보조제 불필요/적정 pH 폭 넓음/알칼리도 감소 적음/플록 형성속도 높음/저온 열화되지 않음

028 ☆☆

접촉산화법 단점 5가지 쓰시오.

해 접촉산화법 장점: 유지관리 용이/소규모시설에 적합/슬러지 발생량 적음/난분해성물질 내성 높음/수량변동에 대한 완충능 보유

답 초기건설비 높음/미생물량 조절 어려움/부하 높을시 매체 폐쇄 위험 높음/사수부(산소전달 안되는 지점) 발생/생성 생물량이 부하조건에 의해 결정

029 ☆☆

습식산화법의 장점 5가지 쓰시오.

답 처리시간 적음/부지면적 적게 필요/에너지 요구량 적음/유기물 제거율 높음/독성오염물질 유출수 처리 가능

030 ☆

오존소독의 장점 4가지 쓰시오.

해 오존소독 단점: 전력비용 높음/경제성 낮음/오존발생장치 필요
답 살균율 높음/탈취효과 높음/철, 망간 제거율 높음/유기물 산화속도 빠름/바이러스 불활성화 효과 높음

031 ☆☆

슬러지 소화조에서 사용하는 고정식 지붕과 비교한 부유식 지붕 장점 4가지 쓰시오.

답 폭발위험 적음/운영상 융통성 높음/스컴혼합 필요 없음/가스 저장공간 부여됨

032 ☆

부유식 생물막 공법과 비교해 부착식 생물막 공법 단점 3가지 쓰시오.

답 악취 발생/온도에 민감/유기물 제거효율 낮음

033 ☆☆☆

연속 흐름 반응조와 비교한 연속 회분식 반응조(SBR)의 장점 5가지 쓰시오.

답 공정변경 용이/반송설비 불필요/MLSS 누출 없음/사상균 벌킹 방지/유입오수 부하변동이 규칙성 가질 때 안정된 처리 가능

034 ☆☆☆☆☆

표준 활성슬러지법과 비교해 막 분리 활성슬러지법(=MBR공법) 원리와 장점(=특성) 4가지 쓰시오.

📝 원리 : 생물 반응조와 분리막 공정을 합친 것으로 N, P, SS, 유기물 제거에 효과적이다.
　　장점 : 슬러지발생량 낮음/소요부지 적게 필요/고액분리 완벽히 가능/2차 침전지 침강성 관련 문제 없음

035 ☆☆☆☆

분류식과 합류식 하수도의 특성 비교한 것이다. 빈칸을 채우시오.

종류	분류식	합류식
시설비		
토사 유입		
관거 폐쇄		
관거 오접 감시		
슬러지 함량 내 중금속		

📝

종류	분류식	합류식
시설비	고가	저가
토사 유입	적음	많음
관거 폐쇄	큼	적음
관거 오접(잘못 접합) 감시	요구 O	요구 X
슬러지 함량 내 중금속	적음	큼

036 ☆☆☆

수질예측모형 분류 방법 중 동적 모형과 정상적 모형이 있다. 두 모형을 비교하시오.

📝

방법	동적 모형	정상적 모형
시간에 따른 항목 값	변화	일정
용도	계절별 성층	정상상태 모의

037 ☆☆☆

흡착제 중 GAC(입상활성탄)와 PAC(분말활성탄)를 5가지 항목으로 비교하시오.

해

항목	분말활성탄(PAC)	입상활성탄(GAC)
처리시설	기존시설 사용	여과지 추가
흡착속도	낮음	높음
취급	쉬움	어려움
슬러지 발생	없음	많음
고액분리	쉬움	어려움
재생	가능	불가능
미생물 번식	없음	원생동물 번식
폐기시 애로	흑색슬러지는 공해 원인	재생가능해 문제없음
누출에 의한 흑수현상	겨울철 발생	없음
처리관리 난이	주입작업 수반	없음
단기간 처리시	경제적	비경제적
비상시 처리시	경제적	비경제적
장기간 처리시	비경제적/재생불가	경제적/재생가능

답

항목	분말활성탄(PAC)	입상활성탄(GAC)
흡착속도	낮음	높음
취급	쉬움	어려움
슬러지 발생	없음	많음
재생	가능	불가능
누출에 의한 흑수현상	겨울철 발생	없음

038 ☆

질산화 공정 단일단계 질산화와 분리단계 질산화 차이점을 BOD/TKN비를 언급해 쓰시오.

답 단일단계 질산화 : BOD 제거와 질산화 공정이 같은 반응조에서 진행되며 BOD/TKN비가 5 이상일 때 적용한다.
분리단계 질산화 : BOD 제거와 질산화 공정이 다른 반응조에서 진행되며 BOD/TKN비가 3 이하일 때 적용한다.

039 ☆

정수처리 시 무기물질 제거 공법과 공법 선정 시 고려사항 4가지씩 쓰시오.

📝 – 공법 : 막공법/응집처리/여과처리/염소소독/용존공기부상법
　– 고려사항: 원수 수질/시설 배치/처리 목표 수질/운전관리비 산정

040 ☆☆

수원 선정 시 고려사항 4가지 쓰시오.

📝 수량 풍부/좋은 수질/높은 곳 위치/수돗물 소비지와 가까운 위치

041 ☆☆

상수도시설 선정 시 고려사항 5가지 쓰시오.

📖 4.2.2 상수도시설의 위치 및 배치
　시설의 위치 및 배치는 다음 각 항들이 검토되고 그 결과를 기초로 하여 결정되어야 한다.
　(1) 지형이 고려되어 최대한 이용되도록 할 것.
　(2) 장래의 도시발전에 적합하고 장래 시설 확장이나 개량·갱신에 지장이 없을 것.
　(3) 지진, 태풍, 홍수, 가뭄 등 자연재해나 사고 등 비상시에도 가능한 한 단수되지 않는 위치로 할 것.
　(4) 장래에도 양질의 원수가 안정적으로 취수될 수 있을 것.
　(5) 시설의 건설과 유지관리가 안전하고 쉬워야 하며 합리적이고 경제적일 것.
　(6) 광역수도사업자 및 지방상수도사업자 상호간에 합리적이고 또한 상호 융통적인 시설이 되도록 배치할 것.

📝 1. 지형이 고려되어 최대한 이용되도록 할 것.
　2. 시설 유지관리가 안전하고 쉬워야 하며 경제적일 것.
　3. 장래에도 양질의 원수가 안정적으로 취수될 수 있을 것.
　4. 자연재해 등 비상시에도 가능한 한 단수되지 않는 위치로 할 것.
　5. 장래의 도시발전에 적합하고 장래 시설 확장이나 개량·갱신에 지장이 없을 것.

042 ☆

폐수처리법 선정 시 고려사항 5가지 쓰시오.

📋 경제성/제거율/용지면적/유입수질/유입유량/처리방법 안정성/유지관리 용이성

043 ☆

정수장 설계 시 약품주입을 고려한 침전공정과 여과공정 설계시 고려사항 3가지씩 쓰시오.

📋 침전공정 : 원수 탁도/유입유량/형성된 플록 침강속도
　여과공정 : 원수 탁도/적절 응집제 선정/병원성 미생물로 원수 오염 여부

044 ☆

폐수에서 시료 채취시 주의사항 3가지 쓰시오.

해 3.0 시료채취시 유의사항
　3.1 시료는 목적시료의 성질을 대표할 수 있는 위치에서 시료채취용기 또는 채수기를 사용하여 채취하여야 한다.
　3.2 시료 채취 용기는 깨끗이 세척된 용기 또는 멸균된 용기를 사용하며, 시료를 채울 때에는 어떠한 경우에도 시료의 교란이 일어나서는 안 되며 가능한 한 공기와 접촉하는 시간을 짧게 하여 채취한다.
　3.3 시료채취량은 시험항목 및 시험횟수에 따라 차이가 있으나 보통 3~5L 정도이어야 한다. 다만, 시료를 가능한 한 빨리 시험할 수 없어 보존하여야 할 경우 또는 시험항목에 따라 각각 다른 채취용기를 사용하여야 할 경우에는 시료채취량을 적절히 증감할 수 있다.
　3.4 시료채취시에 시료채취시간, 보존제 사용여부, 매질 등 분석결과에 영향을 미칠 수 있는 사항을 기재하여 분석자가 참고할 수 있도록 한다.
　3.5 용존가스, 환원성 물질, 휘발성유기화합물, 냄새, 유류 및 수소이온 등을 측정하기 위한 시료를 채취할 때에는 운반 중 공기와의 접촉이 없도록 시료 용기에 가득 채운 후 빠르게 뚜껑을 닫는다.
　　　[주 1] 휘발성유기화합물 분석용 시료를 채취할 때에는 뚜껑의 격막을 만지지 않도록 주의하여야 한다.
　　　[주 2] 병을 뒤집어 공기방울이 확인되면 다시 채취해야 한다.
　3.6 현장에서 용존산소 측정이 어려운 경우에는 시료를 가득 채운 300mL BOD병에 황산망간 용액 1mL와 알칼리성 요오드화포타슘 – 아자이드화소듐 용액 1mL를 넣고 기포가 남지 않게 조심하여 마개를 닫고 수회 병을 회전하고 암소에 보관하여 8시간 이내 측정한다.
　3.7 유류 또는 부유물질 등이 함유된 시료는 시료의 균일성이 유지될 수 있도록 채취해야 하며, 침전물 등이 부상하여 혼입되어서는 안 된다.
　3.8 지하수 시료는 취수정 내에 고여 있는 물과 원래 지하수의 성상이 달라질 수 있으므로 고여 있는 물을 충

분히 퍼낸 다음 새로 나온 물을 채취한다. 이 경우 퍼내는 양은 고여 있는 물의 4 ~ 5배 정도이나 pH 및 전기전도도를 연속적으로 측정하여 이 값이 평형을 이룰 때까지로 한다.

3.9 지하수 시료채취 시 심부층의 경우 저속양수펌프 등을 이용하여 반드시 저속시료채취하여 시료 교란을 최소화하여야 하며, 천부층의 경우 저속양수펌프 또는 정량이송펌프 등을 사용한다.

3.10 냄새 측정을 위한 시료채취 시 유리기구류는 사용 직전에 새로 세척하여 사용한다. 먼저 냄새 없는 세제로 닦은 후 정제수로 닦아 사용하고, 고무 또는 플라스틱 재질의 마개는 사용하지 않는다.

3.11 총유기탄소를 측정하기 위한 시료 채취 시 시료병은 가능한 외부의 오염이 없어야 하며, 이를 확인하기 위해 바탕시료를 시험해 본다. 시료병은 폴리테트라플루오로에틸렌(PTFE, polytetrafluoroethylene)으로 처리된 고무마개를 사용하며, 암소에서 보관하며 깨끗하지 않은 시료병은 사용하기 전에는 산세척하고, 알루미늄포일로 포장하여 400℃ 회화로에서 1시간 이상 구워 냉각한 것을 사용한다.

3.12 퍼클로레이트를 측정하기 위한 시료채취 시 시료 용기를 질산 및 정제수로 씻은 후 사용하며, 시료채취 시 시료병의 2/3을 채운다.

3.13 저농도 수은(0.0002mg/L 이하) 시료를 채취하기 위한 시료 용기는 채취 전에 미리 다음과 같이 준비한다. 우선 염산용액(4M)이나 진한질산을 채워 내산성플라스틱 덮개를 이용하여 오목한 부분이 밑에 오도록 덮고 가열판을 이용하여 48시간 동안 65 ~ 75℃가 되도록 후드에서 실시한다. 실온으로 식힌 후 정제수로 3회 이상 헹구고, 염산용액(1%) 세정수로 다시 채운다. 마개를 막고 60 ~ 70℃에서 하루 이상 내부식성에 강한 깨끗한 오븐에 보관한다. 실온으로 다시 식힌 후 정제수로 3회 이상 헹구고, 염산용액(0.4%)로 채워서 클린벤치(clean bench)에 넣고 용기 외벽을 완전히 건조시킨다. 건조된 용기를 밀봉하여 폴리에틸렌(PE, polyethylene) 지퍼백으로 이중 포장하고 사용 시까지 플라스틱이나 목재상자에 넣어 보관한다.

3.14 다이에틸헥실프탈레이트를 측정하기 위한 시료채취 시 스테인레스강이나 유리재질의 시료채취기를 사용한다. 플라스틱 시료채취기나 튜브 사용을 피하고 불가피한 경우 시료 채취량의 5배 이상을 흘려보낸 다음 채취하며, 갈색 유리병에 시료를 공간이 없도록 채우고 폴리테트라플루오로에틸렌(PTFE, polytetrafluoroethylene) 마개 (또는 알루미늄 포일)나 유리마개로 밀봉한다. 시료병을 미리 시료로 헹구지 않는다.

3.15 1.4 – 다이옥산, 염화비닐, 아크릴로니트릴, 브로모폼을 측정하기 위한 시료용기는 갈색유리병을 사용하고, 사용 전 미리 질산 및 정제수로 씻은 다음, 아세톤으로 세정한 후 120℃에서 2시간 정도 가열한 후 방랭하여 준비한다. 시료에 산을 가하였을 때에 거품이 생기면 그 시료는 버리고 산을 가하지 않은 시료를 채취한다.

3.16 과불화화합물을 측정하기 위한 시료 용기는 폴리프로필렌(PP, polypropylene)용기를 사용하고, 사용 전에 메탄올 또는 아세톤으로 세정하고, HPLC급 정제수로 헹구어 자연 건조하여 준비한다.

3.17 미생물 시료는 멸균된 용기를 이용하여 무균적으로 채취하여야 하며, 시료채취 직전에 일회용 장갑을 착용하고 물속에서 채수병의 뚜껑을 여는 등 신체접촉에 의한 오염이 발생하지 않도록 유의하여야 한다.

3.18 생태독성 시료 용기로 폴리에틸렌(PE, polyethylene) 재질을 사용하는 경우 멸균 채수병 사용을 권장하며, 재사용할 수 없다.

3.19 식물성 플랑크톤을 측정하기위한 시료 채취 시 플랑크톤 네트(mesh size 25μm)를 이용한 정성채집과, 반돈(Van – Dorn) 채수기 또는 채수병을 이용한 정량 채집을 병행한다. 정성 채집시 플랑크톤 네트는 수평 및 수직으로 수회씩 끌어 채집한다.

3.20 채취된 시료는 가능한 한 빨리 시험하여야 하며, 그렇지 못한 경우에는 각 시료의 보존방법에 따라 현장 또는 실험실에서 보존하고 규정된 시간 내에 시험하여야 한다.

1. 시료 채취 용기는 깨끗이 세척된 용기 또는 멸균된 용기를 사용한다.
2. 시료는 목적시료 성질을 대표할 수 있는 위치에서 시료 채취 용기를 사용하여 채취한다.
3. 시료 채취시에 매질 등 분석결과에 영향을 미칠 수 있는 사항을 기재해 분석자가 참고할 수 있도록 한다.

045 ☆

유도결합플라즈마 발광분광법(ICP)의 원리를 쓰시오.

해 물속에 존재하는 금속류를 정량하기 위하여 시료를 고주파 유도코일에 의하여 형성된 아르곤 플라스마에 주입하여 6,000 ~ 8,000K에서 들뜬 상태의 원자가 바닥 상태로 전이할 때 방출하는 발광선 및 발광강도를 측정하여 원소의 정성 및 정량분석에 이용하는 방법으로 분석이 가능한 원소는 구리, 납, 니켈, 망간, 바륨, 비소, 셀레늄, 아연, 안티몬, 주석, 철, 카드뮴, 크롬, 6가 크롬 등이다.

답 시료를 고주파 유도코일에 의해 형성된 아르곤 플라스마에 도입해 6,000~8,000K에서 들뜬 상태의 원자가 바닥 상태로 전이할 때 방출하는 발광선 및 발광강도를 측정하여 원소의 정성 및 정량분석에 이용하는 방법

046 ☆☆☆☆☆

R.O와 Electro dialysis 기본원리를 쓰시오.

답
- R.O : 역삼투로 유체 평행 상태에서 고농도 용액 측에 삼투압 이상의 압력을 가하게 되면 고농도 용액에서 순수한 물이 저농도 용액 측으로 흘러 들어가는 현상
- Electro dialysis: 전기투석으로 이온교환막을 사이에 두고 전기를 통하게 하여 투석속도를 촉진시키는 조작

047 ☆

다음 활성탄 재생방법의 원리를 쓰시오.

| 1. 건식가열법 | 2. 전기화학적 재생 | 3. 약품재생법 | 4. 생물학적 재생 |

답
1. 활성탄 수분을 100~200℃로 증발시켜 재생
2. 물 전기분해로 산화반응 일어나 피흡착물질 교환해 재생
3. 재생액 통과시켜 피흡착물 탈착해 재생
4. 충전층에 호기성 미생물 투입해 분해재생

048

평균 및 첨두유량에 수리종단도 작성하는 이유 3가지 쓰시오.

해 하수처리시설은 일반적으로 침사지까지 하수를 자연 유하시킨 다음 펌프로 양수하여 본 처리시설을 거쳐 자연유하의 형식으로 방류될 수 있도록 하며, 수리계산은 이러한 유수의 자연유하가 가능하도록 각 시설간의 소요 수위차를 산정한 후 수리종단도를 작성하기 위하여 필요하고, 수리종단도를 작성함으로써 시설의 수리학적 안정성 확보, 펌프소요수두 및 각 시설 설치지반고 산정 등이 가능하다.

답 시설의 수리학적 안정성 확보 가능/ 펌프소요수두 산정 가능/각 시설 설치지반고 산정 가능

049

COD측정 시 과망간산칼륨용액으로 적정할 때 60~80℃로 유지하며 적정하는 이유를 온도가 낮을 때와 높을 때로 쓰시오.

답
- 온도 낮을 때: 과망간산칼륨 산화반응이 느려 종말점 찾기 어려움
- 온도 높을 때: 과망간산칼륨이 분해돼 COD 과대평가 유발

050

전도현상이 일어나는 호수(깊이 20m)에 대해 4계절에 발생하는 수온분포도를 그리고, 전도현상이 일어나는 계절을 쓰시오.

답
- 수온분포도

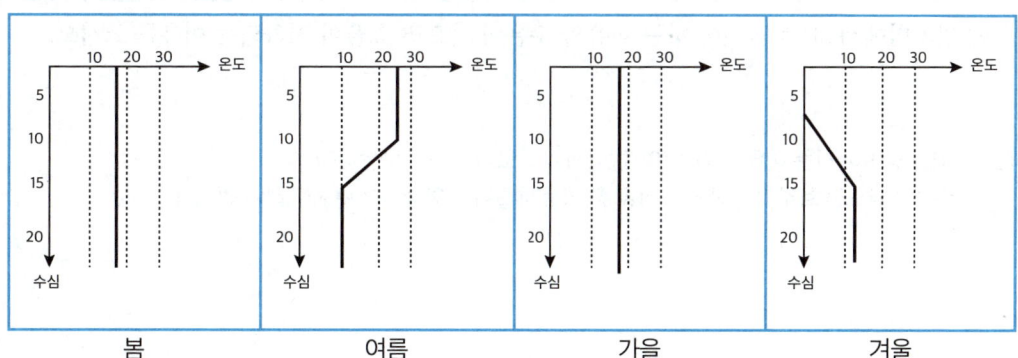

- 전도현상이 일어나는 계절: 봄, 가을

051

전도현상이 발생하는 이유를 봄과 가을로 구분하여 쓰시오.

- 봄 : 겨울에 표수층 온도가 내려가 발생한 성층현상이 봄이 되면 온도가 높아져 성층이 파괴돼 전도현상 발생
- 가을 : 여름에 표수층 온도가 올라가 발생한 성층현상이 가을이 되면 온도가 낮아져 성층이 파괴돼 전도현상 발생

052

여름철 호수 수심에 따른 온도 그래프를 그리시오.

표수층: 부영양화 발생지역
수온약층: 수심에 따른 온도변화가 명확한 지역
심수층: 혐기성 미생물 증식으로 유기물 분해되어 수질 악화되는 지역

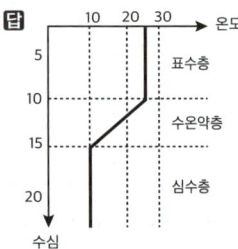

053

공기 탈기법에서 pH를 높여야 하는 이유와 수온이 낮으면 효율이 저하되는 이유를 쓰시오.

- pH를 높여야 하는 이유 : OH^- 양이 많아져 NH_3로 제거되기 때문이다.
- 수온이 낮으면 효율이 저하되는 이유 : 기체 용해도가 높아져 NH_3로 제거하기 어렵다.

054

살수여상법에서 처리수를 반송하는 이유 2가지 쓰시오.

📋 산소 공급/처리율 증가/연속처리 가능/파리 발생 억제

055

시궁창이나 오염된 하천 바닥이 검게 변하는(black muck) 이유를 쓰시오.

📋 혐기상태서 생성된 황화수소가 철, 망간 등 금속이온과 결합해 황화철을 만들기 때문이다.

056

시료에 중금속이 존재할 때 중금속에 의해 BOD 측정에 미치는 영향을 쓰시오.

📋 환원성 중금속은 산소를 소비해 BOD가 높아지며 미생물에게 독성으로 작용되면 미생물이 산소를 소비할 수 없어 BOD값이 낮아진다.

057

활성슬러지공법에서 폐수처리 중 폭기시간 감소시킬 경우 다음 인자의 변화를 쓰시오.

| 1. BOD 제거율 | 2. F/M비 | 3. 폐슬러지량 |

📋 1. 감소   2. 증가   3. 감소

058

다음 영향인자가 주는 트리할로메탄(THM) 생성반응속도의 영향을 쓰시오.

| 1. pH | 2. 온도 | 3. 불소농도 |

📝 1/2/3 : 높을수록 THM 생성량 증가

059

포기조 내 혼합액 DO감소 원인을 나타내는 알고리즘이다. 빈칸을 채우시오.

```
DO 감소 → MLSS 변함없음   → 산소이용속도 큼      → 용해성 BOD가 높음   → ( A )
                          → 산소이용속도 변함없음  → 수온 변함없음       → ( B )
                                                                      → 산기관 막힘
           → MLSS 높음     → 활성슬러지 색 변함없음 → 반송슬러지 농도 높음 → ( C )
```

📝 A : F/M비 상승해 산소소비량 증가   B : SRT 증가 및 포기조 결함   C : 미생물량 증가해 산소소비량 증가

060

종합환경영향평가 중 상호작용 모형식 방법을 설명하시오.

📝 환경인자에 영향주는 체크리스트 외 계획활동을 통합하는 방법으로 영향받는 항목과 영향일으키는 주요 행위와의 관계를 시각적으로 나타낸다.

061

환경영향평가 중 수질관리 모델링의 감응도 분석에 대해 쓰시오.

📝 설정된 수질 모델에 입력 자료 적용 시 그 변화가 수질항목 농도에 미치는 영향을 분석한 것으로 수질항목 변화율이 입력자료 변화율보다 클 때 그 수질항목은 민감하다.

062 ☆☆

1차원 정상상태 수질모델링 실시 후 계산된 BOD 농도결과를 얻었다. 구간B와 C에서의 농도곡선 변화형상을 설명하시오.

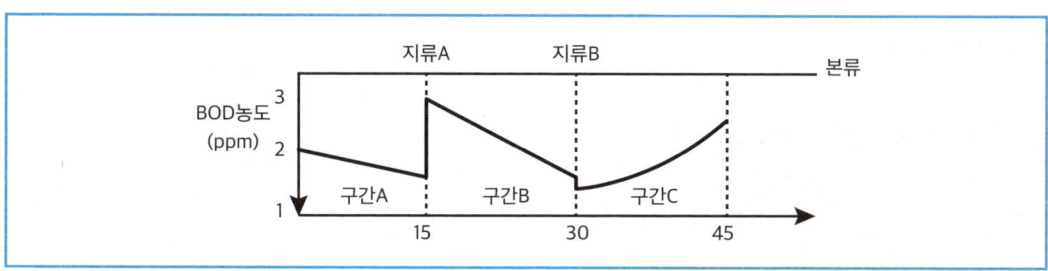

- 구간B: 지류A와 섞여 BOD증가하고 점점 자정
- 구간C: 지류B와 섞여 BOD감소하고 난분해성 물질이 분해가능 물질로 바뀌어 BOD 증가

063 ☆☆

유기물질 종류별 산소소비 그래프이다. 각 물질 종류, 분해성, 미생물 영향을 설명하시오.

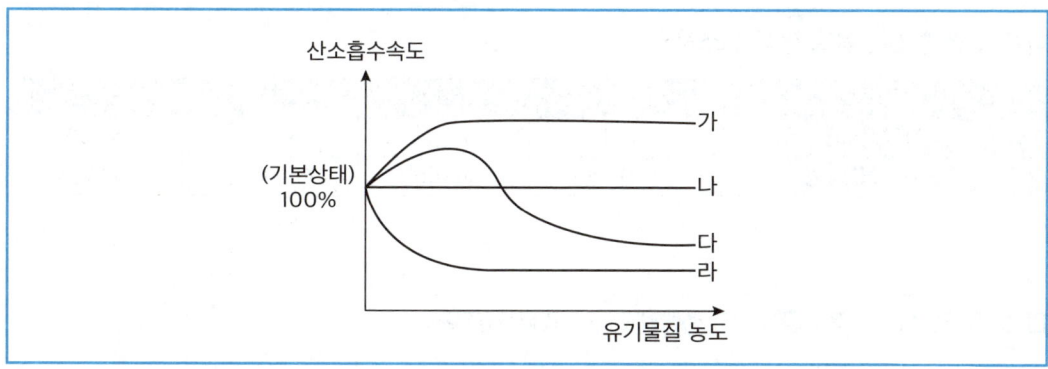

- 가: 일반적인 생분해성 유기물이며 유기물 농도 높아질수록 미생물에 의해 분해되며 산소소비속도 증가하다 일정해진다.
- 나: 비활성 유기물이며 미생물에 의해 분해되지 않는다.
- 다: 저농도에선 분해되나 고농도에선 미생물에게 독성을 띄는 물질이다.
- 라: 미생물에게 독성을 띄는 물질이며 농도가 높아질수록 미생물 활동 방해해 산소소비속도 감소시킨다.

064

펌프 특성곡선과 필요유효 흡입수두에 대해 설명하시오.

해 펌프특성곡선

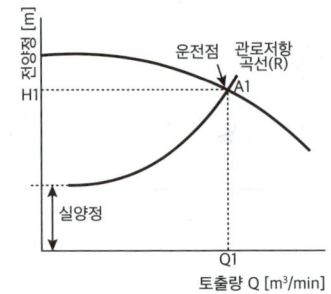

답
- 펌프 특성곡선: 펌프 성능 표시수단으로 회전수와 전양정, 효율 등 관계를 나타내 펌프 사용범위를 알 수 있다.
- 필요유효 흡입수두: 공동현상 미발생 기준으로 설계에 의해 결정된다.

065

다음 조건에 맞는 펌프 형식을 쓰시오.

	A	B	C	D
전양정(m)	3~12	4 이상	5 이하	5~20
펌프구경(mm)	400 이상	80 이상	400 이상	300 이상

답 A: 사류펌프   B: 원심펌프   C: 축류펌프   D: 원심사류펌프

066 ☆☆

수질시료 중 반드시 유리용기에만 보존해야 되는 측정항목 종류 3가지 쓰시오.

해

시료용기	항목
유리용기	냄새/노말헥산 추출물질/페놀류
갈색 유리용기	잔류염소/1,4-다이옥산/염화비닐/아크릴로니트릴/브로모폼/석유계총탄화수소
유리용기 갈색 유리용기	유기인/폴리클로리네이티드비페닐(PCB)/휘발성유기화합물/노닐페놀/옥틸페놀/니트로벤젠/2,6-디니트로톨루엔/2,4-디니트로톨루엔

답 냄새/페놀류/노말헥산 추출물질

067 ☆☆

적조 현상 원인이 되는 환경조건과 영양조건(원소명) 3가지씩 쓰시오.

답 환경조건 : 수온 상승/해류 정체/상승류현상 발생   영양조건 : 인/규소/질소/탄소

068 ☆

여과저항에 따른 수두손실 영향을 주는 설계인자 5가지 쓰시오.

답 여과 속도/여액 점도/여과층 두께/여과재 입자 직경/탁질에 대한 세척 정도

069 ☆☆

보기는 QUAL - Ⅱ 모델 13종 대상 수질인자이다. 추가해야 할 항목 5가지 쓰시오.

보기
• 유기인　　• 질산성 질소　　• 조류(클로로필-a)　　• 임의의 비보존성 물질 • 유기질소　• 아질산성 질소　• 암모니아성 질소　• 3개의 보존성 물질

해 QUAL - Ⅱ 모델 13종 대상 수질인자
DO/온도/BOD/대장균/유기인/유기질소/용존 총 인/질산성 질소/아질산성 질소/암모니아성 질소/조류(클로로필-a)/3개의 보존성 물질/임의의 비보존성 물질

답 DO/온도/BOD/대장균/용존 총 인

070 ☆

QUAL - Ⅱ 모델 13종 대상 수질인자 6가지 쓰시오.

해 윗 해설 참조
답 DO/온도/BOD/대장균/유기인/유기질소

071 ☆

활성슬러지 공법에서 질산화 미생물량의 변화에 영향 주는 인자 2가지 쓰시오.

답 DO/온도/pH/독성물질/SRT(미생물체류시간)

072 ☆☆

염소소독의 영향인자 5가지 쓰시오.

답 온도/pH/접촉시간/알칼리도/염소주입량

073

빈칸을 채우시오.

> 호수 부영양화 정도를 나타내는 TSI와 관련된 Carlson지수의 대표 수질인자 중 TSI가 (A)수록
> (B), (C)는 (D)하고, (E)는 작아져 (F)가 된다.

해 TSI 클수록 총인, 클로로필-a 증가하고, 투명도는 작아져 부영양호가 된다.

답 A: 커질 B: 총 인 C: 클로로필-a D: 증가 E: 투명도 F: 부영양호

074

호수 부영양화 정도를 나타내는 TSI 지수의 대표 수질인자 3가지 쓰시오.

답 총 인/투명도/클로로필-a

075

전처리 중 산분해법 종류 4가지와 각 사용기준을 쓰시오.

해 산분해법
- 질산법: 유기함량이 비교적 높지 않은 시료에 적용
- 질산 - 황산법: 유기물 등을 많이 함유하고 있는 대부분의 시료에 적용
- 질산 - 과염소산 - 불화수소산: 다량의 점토질 또는 규산염을 함유한 시료에 적용
- 질산 - 과염소산법: 유기물을 다량 함유하고 있으면서 산분해가 어려운 시료에 적용
- 질산 - 염산법: 유기물 함량이 비교적 높지 않고 금속의 수산화물, 산화물, 인산염 및 황화물을 함유하고 있는 시료에 적용

답 1. 질산법: 유기함량이 비교적 높지 않은 시료에 적용
2. 질산 - 황산법: 유기물 등을 많이 함유하고 있는 대부분의 시료에 적용
3. 질산 - 과염소산 - 불화수소산: 다량의 점토질 또는 규산염을 함유한 시료에 적용
4. 질산 - 과염소산법: 유기물을 다량 함유하고 있으면서 산분해가 어려운 시료에 적용

076 ☆

산기식 포기장치 설계 시 기초자료 종류 5가지 쓰시오.

📝 폭기조 MLSS 농도/BOD 등의 유입부하량/SRT 등의 기초 설계자료/유입폐수량 등 side stream량/폭기조 용량 등의 공정 기초자료

077 ☆☆

전염소처리, 중간염소처리의 염소 주입시점을 쓰시오.

📝 전 염소처리: 착수정과 혼화지 사이   중간 염소처리: 여과지와 침전지 사이

078 ☆☆☆

정수시설에서 불화물 침전제로 사용되는 화학약품 2가지와 상태를 쓰시오.

📝 Al_2O_3(고체)/분말소석회(고체)/골탄(고체)

079 ☆

정수장 랑겔지수가 음의 값을 가져 부식성을 갖는 경우 이를 개선하기 위해 투입하는 물질 2가지와 상태를 쓰시오.

📝 소다회(고체)/소석회(고체)/수산화나트륨(고체)/이산화탄소(기체)

080 ☆

연수제로 사용되는 화학약품 3가지와 상태를 쓰시오.

📝 소다회(고체)/소석회(고체)/수산화나트륨(고체)

081

여과지에서 사용하는 여과재(여재) 3가지 쓰시오.

📋 모래/자갈/안트라사이트

082

공장 처리장 냉각수에 대한 온배수가 지속적으로 유입되면서 열오염에 의한 수생 생태계 변화 종류 4가지 쓰시오.

📋 고온성 수역 종으로 변경/독성물질에 대한 예민도 증가/산소요구량에 대한 예민도 증가/플랑크톤 번식에 대한 예민도 증가

083

공장폐수 중 TCE와 PCE를 가스크로마토그래피로 분석하고자 한다. 이때 전처리 방법 3가지와 TCE와 PCE에 공통으로 사용할 수 있는 가스크로마토그래피 검출기를 적으시오.

📋 – 전처리방법 : 고체상 미량분석법(SPME)/head space/purge&trap
– 검출기 : ECD(전자포획 검출기)

084

비점오염 저감시설 오염물질 제거효율 평가 방법 3가지 쓰시오.

📋 평균농도법/제거효율법/부하량 합산법

085 ☆

환경영향평가 중 대안 평가기법 3가지 쓰시오.

답 비용편익분석/다목적 계획기법/목표달성 매트릭스/확대 비용편익분석

086 ☆

슬러지의 일반적인 탈수처리법 4가지 쓰시오.

답 진공여과/가압여과/원심분리/조립탈수

087 ☆☆☆

활성탄 재생방법 종류 6가지 쓰시오.

답 수세법/감압법/건식가열법/약품 재생법/생물학적 재생법/전기화학적 재생법

088 ☆☆☆☆☆

정수장(수돗물)에서 맛과 냄새를 제거하기 위한 처리법 3가지 쓰시오.

답 폭기/염소처리/오존처리/활성탄처리

089 ☆

오존소독에서 오존 접촉방식 2가지 쓰시오.

해 오존접촉방식은 아래와 같은 형식으로 분류되며 형식의 선정은 사용목적, 설치공간, 유지관리성을 고려하여 결정하여야 한다.
   (1) 산기식 접촉방식(디퓨저 또는 미세기포 장치 이용 등)
   (2) 가압식 접촉방식(전체가압 방식, 측면가압 방식)으로 구분한다.
답 산기식 접촉방식/가압식 접촉방식

090 ☆☆☆

막 분리 공정에서 사용하는 분리막 모듈 형식 4가지 쓰시오.

📝 관형/판형/나선형/중공사형

091 ☆☆☆

SS가 기준치를 초과했을 시 추가적 고도처리 공정이 필요해 처리공법을 검토할 때 검토대상이 될 수 있는 공법 종류 4가지 쓰시오.

📝 여과/MBR/부상분리/응집침전

092 ☆

공기방울 공급방식에 따라 부상분리법을 분류하고 설명하시오.

📝 공기부상법: 공기를 직접 주입해 공기방울 형성하는 형태이며 부유물 제거에 사용한다.
진공부상법: 진공으로 감압해 대기압에서 용존되어 있는 공기를 미세기포로 발생시키는 형태로 동력 소모 크다.
용존공기부상법: 대표적 부상분리법으로 가압해 공기를 용존시키고 압력을 대기압으로 감소시켜 미세기포 발생시키는 형태이다.

093 ☆☆☆

해수 담수화 방식 중 상변화 방식에 속하는 방법과 상불변 방식에 속하는 방법 2가지씩 쓰시오.

📝 － 상변화 방식: 결정법(냉동법/가스수화물법), 증발법(투과기화법/증기압축법/다중효용법/다단 플래쉬법)
  － 상불변 방식: 막법(역삼투법/전기투석법), 용매추출법

094 ☆☆☆☆

침전의 형태 4가지를 설명하시오.(적용장소 포함)

답

형태	개요	적용 장소
Ⅰ형 침전 (독립, 자유침전)	부유물 농도가 낮은 상태에서 응결하지 않는 독립입자의 침전	침사지
Ⅱ형 침전 (응집침전)	입자가 침전하면서 응집하여 입자 크기가 커지는 침전	약품침전지
Ⅲ형 침전 (지역, 간섭침전)	입자 농도가 중간 정도인 경우의 침전으로 입자들이 서로 가까이 있어 입자간 힘이 이웃입자의 침전을 방해함	생물학적 2차 침전지
Ⅳ형 침전 (압밀, 압축침전)	고농도 입자들의 침전로 입자들이 서로 접촉하며 침전은 단지 밀집된 덩어리의 압축에 의해서만 발생	농축조 하부

095 ☆☆☆

탈질화세균은 에너지원 및 세포합성을 위한 탄소원으로서 유기물질을 필요로 하는데 유기물질을 얻을 수 있는 방법 3가지 쓰시오.

답 메탄올, 에탄올 등 외부탄소원/하수 내부 유기물질/미생물 내생호흡에서 생기는 내생탄소원

096 ☆☆

폐수의 최종 방류수가 수질환경에 미치는 영향을 적게 받는 방법 3가지 쓰시오.

답 고도처리 공정 강화/방류수 수질기준 강화/오염물질 분해가능 생물 투입

097 ☆☆☆☆☆

관 내 유량측정법 중 공정수 유량 측정법 4가지 쓰시오.

📝 노즐/피토관/오리피스/벤츄리미터/자기식 유량측정기

098 ★

투석, 역삼투 및 전기투석 막 공법의 추진력(= 구동력)을 쓰시오.

📝 투석: 농도 차   역삼투: 정수압 차   전기투석: 전위 차

099 ☆☆☆

Jar test의 기본적인 목적 4가지 쓰시오.

📝 최적의 PH 선정/최적의 교반조건 선정/최적의 응집제 종류 선정/최적의 응집제 주입량 선정

100 ☆

유량조정조에 관한 물음에 해당하는 답변을 쓰시오.

| 1. 설치목적 | 2. 설치방식 2가지와 간단한 설명 |

해 유량조정조는 유입하수의 유량과 수질의 변동을 균등화함으로써 처리시설의 처리효율을 높이고 처리수질의 향상을 도모할 목적으로 설치하는 것이 기본 목적이나, 합류식지역의 경우 우천시 처리장 유입수(하수 + 강우유출수)의 일시 저류 목적으로 사용될 수도 있다.

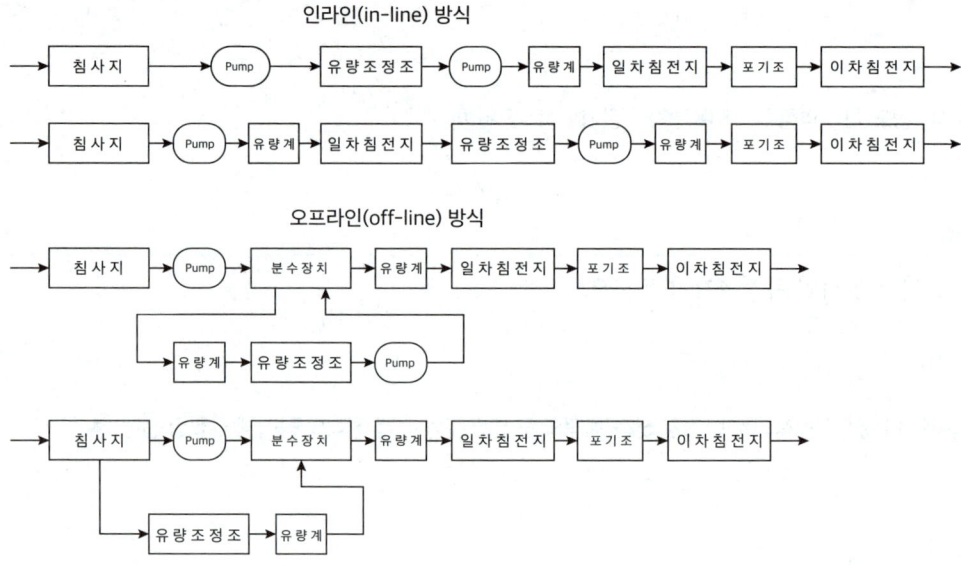

답 1. 유입하수의 유량과 수질의 변동을 균등화함으로써 처리시설의 처리효율을 높이고 처리수질의 향상을 도모
2. in라인: 처리계통에 직렬로 설치하여 유입하수의 전량이 유량조정조를 통과하는 방식
   out라인: 처리계통에 병렬로 연결하여 일 최대하수량을 초과하는 수량만 유량조정조에 유입시켜 수량과 수질의 균등화를 도모하는 방식

101 ☆☆☆

이온크로마토그래피에서 사용하는 서프레서 역할 2가지 쓰시오.

해 제거장치(suppressor)
분석목적에 적절한 제거장치를 사용하는 경우도 있다. 제거장치는 컬럼으로부터 용리된 각 성분이 검출기에 들어가기 전에 용리액 자체의 전도도를 감소시키고 목적 성분의 전도도를 증가시켜 높은 감도로 분석하기 위한 장치이다. 고용량의 양이온 교환수지를 충전시킨 컬럼형과 양이온 교환막으로 된 격막형이 있다.

답 목적 성분 전도도 증가시킴/용리액 자체 전도도 감소시킴

102 ☆

펜톤(Fenton) 산화법 목적과 시약, 최적 pH를 쓰시오.

답
- 목적 : 생물학적 분해 불가능한 고분자 물질을 분해 가능한 저분자 물질로 전환
- 시약 : 과산화수소, 2가철염
- 최적 pH : 3 ~ 4.5

103 ☆

6가 크롬 환원 침전 계통도를 그리고, 환원조와 중화조의 최적 pH와 시약을 쓰시오.

답
- 계통도 : 저류조 → 환원조 → 중화조 → 침전지
- 환원조
  최적 pH : 2 ~ 3
  시약 : SO_2, $FeSO_4$, Na_2SO_3, $NaHSO_3$
- 중화조
  최적 pH : 8 ~ 9
  시약 : $NaOH$, $Ca(OH)_2$

104

다음 용어의 정의를 쓰시오.

| 1. 0차 반응 | 2. 1차 반응 | 3. 제타 전위 | 4. 슬러지 비저항 계수 | 5. 슬러지 용량 지표 |

해 0차 반응: 시간 변화에 따른 농도 변화가 농도와 관계 없는 반응
0.5차 반응: 시간 변화에 따른 농도 변화가 농도의 0.5승에 비례하는 반응
1차 반응: 시간 변화에 따른 농도 변화가 농도의 1승에 비례하는 반응
2차 반응: 시간 변화에 따른 농도 변화가 농도의 2승에 비례하는 반응

답 1. 시간 변화에 따른 농도 변화가 농도와 관계 없는 반응
2. 시간 변화에 따른 농도 변화가 농도의 1승에 비례하는 반응
3. 콜로이드 입자 전하와 전하 효력이 미치는 분산매 거리를 측정한 것
4. SRF이며 슬러지 탈수성을 나타내는 지표로 클수록 탈수성이 나쁘다. 단위는 m/kg 이다.
5. SVI이며 슬러지 침강 농축성을 나타내는 지표로 클수록 침전성이 나쁘다. 단위는 mL/g 이다.

105

열화와 파울링의 정의를 쓰시오.

해 열화: 압력에 의한 크립(creep)변형이나 손상 등 물리적 열화, 가수분해나 산화 등 화학적 열화, 미생물로 자화(資化)되는 생물열화(bio-fouling) 등 막 자체의 비가역적인 변질로 생기는 성능 변화로 성능이 회복되지 않는다.
파울링: 막 자체의 변화가 아니라 외적 요인으로 막의 성능이 변화되는 것으로, 그 원인에 따라서는 세척함으로써 성능이 회복될 수 있다.

답 열화: 막 자체의 비가역적인 변질로 생기는 성능 변화되는 것
파울링: 외적 요인으로 막의 성능이 변화되는 것

106

생 하수 내에 주로 존재하는 질소 형태를 쓰시오.

답 유기성 질소/암모니아성 질소

107

A ~ B구역에서 발생 가능한 손실수두 명칭 5가지 쓰시오.

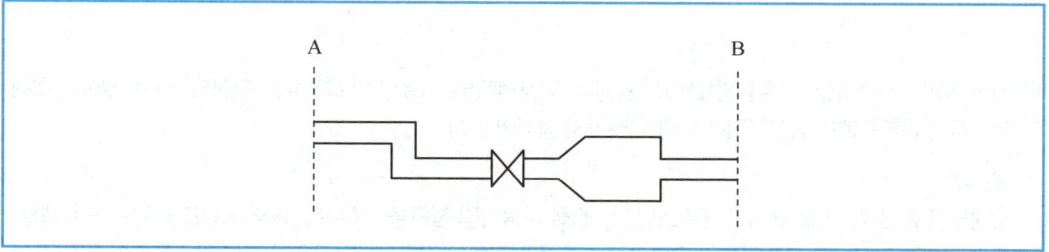

답 마찰 손실수두/굴곡 손실수두/밸브 손실수두/확대 손실수두/축소 손실수두

108

유체 흐름에서 정상류와 비정상류, 등류와 부등류를 설명하시오.

답 정상류: 유체 내 각 점의 유속, 유량 등이 시간적으로 변화하지 않는 유체 흐름
비정상류: 유체 내 각 점의 유속, 유량 등이 시간적으로 변화하는 유체 흐름
등류: 유체 내 각 점의 유속, 유량 등이 시간적, 공간적으로 변화하지 않는 유체 흐름
부등류: 유체 내 각 점의 유속, 유량 등이 시간적, 공간적으로 변화하는 유체 흐름

109

흡광광도법 분석과정별 구성요소를 쓰시오.

해 자외선/가시선분광법(= 흡광광도법)은 광원부, 파장선택부, 시료부 및 측광부로 구성되고 광원부에서 측광부까지의 광학계에는 측정목적에 따라 여러가지 형식이 있다.

광원부
광원부의 광원에는 텅스텐램프 중수소방전관등을 사용하며 점등을 위하여 전원부나 렌즈와 같은 광학계를 부속시킨다. 가시부와 근적외부의 광원으로는 주로 텅스텐램프를 사용하고 자외부의 광원으로는 주로 중수소 방전관을 사용한다. 또, 전원부에는 광원의 강도를 안정시키기 위한 장치를 사용할 때도 있다.

파장선택부
파장의 선택에는 일반적으로 단색화장치(monochrometer) 또는 필터(filter)를 사용한다. 단색장치로는 프리즘, 회절격자 또는 이 두 가지를 조합시킨 것을 사용하며 단색광을 내기 위하여 슬릿(slit)을 부속시킨다. 필터에는 색유리 필터, 젤라틴 필터, 간접필터 등을 사용한다.

시료부
시료부에는 일반적으로 시료액을 넣은 흡수셀(cell, 시료셀)과 대조액을 넣는 흡수셀(대조셀)이 있고 이 셀을 보호하기 위한 셀홀더(cell holder)와 이것을 광로에 올려 놓을 시료실로 구성된다.

측광부
측광부의 광전측광에는 광전관, 광전자증배관, 광전도셀 또는 광전지 등을 사용하고 필요에 따라 증폭기 대수변환기가 있으며 지시계, 기록계 등을 사용한다. 또 광전관, 광전자증배관은 주로 자외 내지 가시파장 범위에서 광전도셀은 근적외 파장범위에서, 광전지는 주로 가시파장 범위 내에서의 광선측광에 사용된다. 지시계는 투과율, 흡광도, 농도 또는 이를 조합한 눈금이 있고 숫자로 표시되는 것도 있다. 기록계에는 투과율, 흡광도, 농도 등을 자동기록한다.

답 광원부 - 파장선택부 - 시료부 - 측광부

110 ☆

다음 빈칸을 쓰시오.

하수 배제방식	펌프장 종류	계획하수량
분류식	중계펌프장 소규모펌프장 방류펌프장	(A)
	빗물펌프장	(B)
합류식	중계펌프장 소규모펌프장 방류펌프장	(C)
	빗물펌프장	(D)

📋 A: 계획시간 최대오수량   B: 계획우수량   C: 우천시 계획오수량   D: 계획하수량-우천시 계획오수량

111 ☆

빈칸을 채우시오.

> 폐수 내 질소화합물은 (A) 질소화합물과 (B) 질소화합물로 구분할 수 있으며 (B) 질소화합물은 (C), (D), (E)으로 구성되어 있다. 호기성 폐수처리장 체류시간이 충분할 경우 질소화합물은 (E)으로 완전 산화되어 존재할 가능성이 있다.

📖 폐수 내 질소화합물은 유기질소화합물과 무기질소화합물로 구분할 수 있으며 무기질소화합물은 암모니아, 아질산이온, 질산이온으로 구성되어 있다. 호기성 폐수처리장 체류시간이 충분할 경우 질소화합물은 질산이온으로 완전 산화되어 존재할 가능성이 있다.

📋 A: 유기   B: 무기   C: 암모니아   D: 아질산이온   E: 질산이온

112

빈칸을 채우시오.

> 정류벽의 개구면적이 너무 (A) 정류효과가 떨어지고 너무 (B) 정류공 통과부에서 유속이 과대하게 되므로, 지내수류 및 플록파괴의 관점에서 바람직하지 못하다. 정류공의 직경은 (C) 전후, 정류공의 단면적은 수류전체의 횡단면적에 대하여 약 (D) 정도가 바람직하다. 이 정류벽은 유입단에서 (E) 이상 떨어진 위치에 설치하는 것이 바람직하다.

해 정류벽은 물의 흐름에서 에너지의 국부적 불균형을 시정하고 전체의 흐름이 될수록 균일하게 하기 위하여 설치하는 시설로, 정류벽의 개구면적이 너무 크면 정류효과가 떨어지고 너무 작으면 정류공 통과부에서 유속이 과대하게 되므로, 지내수류 및 플록파괴의 관점에서 바람직하지 못하다. 정류공의 직경은 10cm 전후, 정류공의 단면적은 수류전체의 횡단면적에 대하여 약 6% 정도가 바람직하다. 이 정류벽은 유입단에서 1.5m 이상 떨어진 위치에 설치하는 것이 바람직하다.

답 A: 크면   B: 작으면   C: 10cm   D: 6%   E: 1.5m

113

다음 설명하는 용어를 쓰시오.

> 1. 원자가 외부로부터 빛을 흡수했다가 다시 먼저상태로 돌아갈 때 방사하는 스펙트럼선
> 2. 목적하는 스펙트럼선에 가까운 파장을 갖는 다른 스펙트럼선
> 3. 파장에 대한 스펙트럼선의 강도를 나타내는 곡선
> 4. 물질의 원자증기층을 빛이 통과할 때 각각 특유한 파장의 빛을 흡수한다. 이 빛을 분산하여 얻어지는 스펙트럼

답 1. 공명선(Resonance Line)   2. 근접선(Neighbouring Line)
　　3. 선프로파일(Line Profile)   4. 원자흡광스펙트럼(Atomic Absorption Spectrum)

114 ☆☆

빈칸을 채우시오.

> 1. 미생물이 새 미생물을 형성하기 위해 유기탄소를 이용하는 생물을 (A)이라 한다.
> 2. 세포합성에 필요한 에너지원으로 빛을 이용하는 생물을 (B)이라 한다.
> 3. 아질산염이나 질산염을 전자수용체로 사용하는 조건을 (C)이라 한다.

답 A: 종속영양계   B: 광합성 미생물   C: 무산소 조건

115 ☆☆

빈칸을 채우시오.

	PFR(관형, 압출류형)	CMFR(CFSTR, 완전혼합형)
분산	(A)	(C)
분산수	(B)	(D)

해

	PFR(관형, 압출류형)	CMFR(CFSTR, 완전혼합형)
분산	0	1
분산수	0	∞
모릴지수	1	클수록
지체시간	이론적 체류시간과 동일	0

답 A: 0   B: 0   C: 1   D: ∞

116 ☆

속도경사 G값 구하는 공식을 쓰시오.

답 $G = \sqrt{\dfrac{P}{\mu \cdot V}}$

G: 속도경사(s^{-1})   P: 소요동력(W) μ: 점성계수(N·s/m^2)   V: 부피(m^3)

117

화학적 산소요구량 측정 계산식과 구성항목을 쓰시오.

📝 COD(mg/L)=(b-a)•f•$\dfrac{1,000}{V}$•0.2

    a: 바탕시험 적정에 소비된 과망간산칼륨용액(0.005M) 양(mL)
    b: 시료 적정에 소비된 과망간산칼륨용액(0.005M) 양(mL)
    f: 과망간산칼륨용액(0.005M) 농도계수(factor)
    V: 시료 양(mL)

118

완전혼합형이며 질량불변의 법칙을 적용해 호수의 물질수지식을 작성하시오. 1차 반응이며 k를 반응속도상수로 한다. 또한, 기준성분 질량 변화량 = 유입량 − 유출량 − 반응량이다.

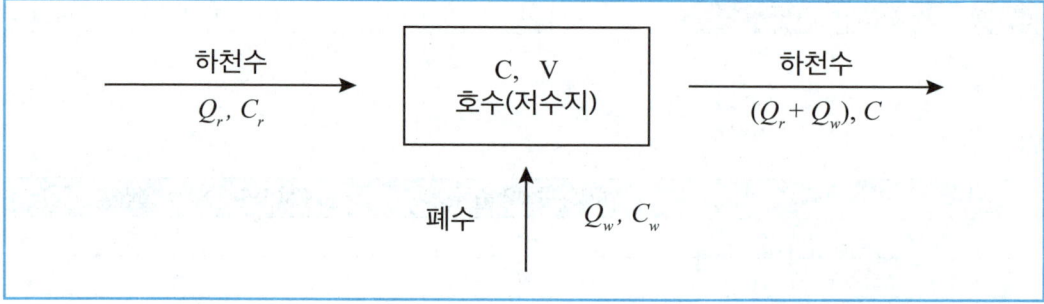

📝 $V\dfrac{dC}{dt} = C_r Q_r + C_W Q_W - C(Q_r + Q_W) - kVC$

    V: 호수 용량 $\dfrac{dC}{dt}$: 오염물질 농도변화 C_r: 하천수의 오염물질 농도 Q_r: 하천수 유입량
    C_W: 폐수의 오염물질 농도 Q_W: 폐수 유입량 C: 호수의 오염물질 농도 Q_r: 호수 유입량
    k: 1차 반응속도 상수

119 ☆

침강속도 구하는 Stoke 법칙을 유도하시오.

📖 항력(F_d) = 중력(F_g) − 부력(F_b) → $3\pi\mu d_p V_g = \rho_p g \dfrac{\pi d_p^3}{6} - \rho g \dfrac{\pi d_p^3}{6}$

$$\rightarrow V_g = \dfrac{g\dfrac{\pi d_p^3}{6}(\rho_p - \rho)}{3\pi\mu d_p} = \dfrac{g d_p^2 (\rho_p - \rho)}{18\mu}$$

μ: 유체점도 d_p: 입자직경 V_g: 침강속도 ρ_p: 입자밀도 ρ: 유체밀도 g: 중력가속도

120 ☆

Vollenweider 모델식을 미분 방정식으로 표현하시오.

📖 $V\dfrac{dC}{dt} = J - CQ - \sigma CV$

V: 체적(m^3) C: 영양물질농도(mg/L) t: 경과시간(yr) J: 유입 영양물질 총부하량(kg/d)
Q: 유입유량(m^3/yr) σ: 침전율계수(yr^{-1})

121 ☆

소모BOD = Y, 잔류BOD = L, 최종BOD = L_0, 탈산소계수 = k 를 이용해 밑수를 10으로 하는 소모BOD 구하는 식을 유도하시오.(1차 반응)

📖 $\dfrac{dL}{dt} = -kL \rightarrow \dfrac{1}{L}dL = -kdt \rightarrow \displaystyle\int_{L_0}^{L} \dfrac{1}{L}dL = -kdt \rightarrow \log L - \log L_0 = -kt \rightarrow \log\dfrac{L}{L_0} = -kt$

$\rightarrow \dfrac{L}{L_0} = 10^{-kt} \rightarrow L = L_0 \cdot 10^{-kt}$

$Y = L_0 - L = L_0 - L_0 \cdot 10^{-kt} = L_0(1 - 10^{-kt})$

122 ☆☆☆

하천의 기본적인 용존산소 모델식인 Streeter – phelps Model을 표현한 것이다. 빈칸을 채우시오.(단위 포함)

$$D_t = \frac{k_1}{k_2 - k_1} L_0 (10^{-k_1 t} - 10^{-k_2 t}) + D_0 \times 10^{-k_2 t}$$

L_0 : A D_0 : B k_1 : C k_2 : D

해 D_t : t시간 후 용존산소 부족농도 D_o : 초기부족농도 L_o : 최초BOD_u k_1 : 탈산소계수
k_2 : 재폭기계수

답 A : 최초BOD(mg/L)   B : 초기 부족농도(mg/L)   C : 탈산소계수(d^{-1})   D : 재폭기계수(d^{-1})

123 ☆☆☆☆

$C_5H_7O_2N$을 BOD로 환산할 때 사용하는 계수가 1.42임을 증명하시오.

답 $C_5H_7O_2N + 5O_2 \rightarrow 5CO_2 + 2H_2O + NH_3$
　　113　　:　5·32
　　　1　　:　　X
X = $\frac{5 \cdot 32 \cdot 1}{113}$ = 1.42

∴ 환산계수 : 1.42BOD_U/미생물

124 ☆☆

$C_5H_7O_2N$의 BOD : NOD = 5 : 2일 때 비율을 유도하시오.

답 $C_5H_7O_2N + 5O_2 \rightarrow 5CO_2 + NH_3 + 2H_2O$
　$NH_3 + 2O_2 \rightarrow HNO_3 + H_2O$

→ 산소비 보면 5 : 2

125 ☆

산화제 $K_2Cr_2O_7$(중크롬산칼륨), $KMnO_4$(과망간산칼륨)의 환원 반응식을 쓰시오.

📝 중크롬산칼륨: $K_2Cr_2O_7 \rightarrow 2K^+ + Cr_2O_7^{2-}$
$Cr_2O_7^{2-} + 14H^+ + 6e^- \rightarrow 2Cr^{3+} + 7H_2O$

과망간산칼륨: $KMnO_4 \rightarrow K^+ + MnO_4^-$
$MnO_4^- + 8H^+ + 5e^- \rightarrow Mn^{2+} + 4H_2O$

126 ☆☆

탈질화 과정서 메탄올을 탄소원으로 공급할 경우 두 단계로 반응이 일어난다. 단계별 반응식과 전체 반응식을 쓰시오.

📝 1단계: $6NO_3^- + 2CH_3OH \rightarrow 6NO_2^- + 4H_2O + 2CO_2$

2단계: $6NO_2^- + 3CH_3OH \rightarrow 3N_2 + 3H_2O + 3CO_2 + 6OH^-$

전체: $6NO_3^- + 5CH_3OH \rightarrow 3N_2 + 7H_2O + 5CO_2 + 6OH^-$

127 ☆☆

질산화의 2단계 반응식과 전체 반응식을 쓰시오.

📝 1단계: $NH_4^+ + 1.5O_2 \xrightarrow{Nitrosomonas} NO_2^- + H_2O + 2H^+$ (아질산화)

2단계: $NO_2^- + 0.5O_2 \xrightarrow{Nitrobacter} NO_3^-$ (질산화)

전체: $NH_4^+ + 2O_2 \rightarrow NO_3^- + H_2O + 2H^+$ or $NH_3 + 2O_2 \rightarrow NH_3 + 2O_2 \rightarrow NO_3^- + H_2O + H^+$

128

물에 차아염소산염(OCl^-) 주입해 살균 시 물의 pH 변화를 화학식을 이용해 쓰시오.

답 $OCl^- + H_2O \rightarrow HOCl + OH^-$ 이며 pH 증가한다.

129

공기 탈기법과 파과점 염소 주입법의 원리와 반응식을 쓰시오.

답
- 공기 탈기법
  원리: pH를 증가시켜 11 이상으로 만든 후 공기를 넣어 수중 암모니아를 NH_3로 탈기
  반응식: $NH_4^+ + OH^- \rightarrow NH_3 + H_2O$
- 파과점 염소 주입법
  원리: 염소를 일정 주입량 이상 높여 주게 되면 질소 제거 효과가 생기는데 질소 제거를 염소로 하는 것
  반응식: $2NH_4^+ + 3Cl_2 \rightarrow N_2 + 6HCl + 2H^+$

130

다음 무기응집제에 대해 각각 응집에 필요한 칼슘염 형태의 알칼리도를 반응시켜 플록을 형성하는 완전 반응식을 쓰시오.

1. $FeSO_4 \cdot 7H_2O$ ($Ca(OH)_2$와 반응, 이 반응은 DO를 필요로 한다.)
2. $Fe_2(SO_4)_3$ ($Ca(HCO_3)_2$와 반응)

답
1. $2FeSO_4 \cdot 7H_2O + 2Ca(OH)_2 + 0.5O_2 \rightarrow 2Fe(OH)_3 + 2CaSO_4 + 13H_2O$
2. $Fe_2(SO_4)_3 + 3Ca(HCO_3)_2 \rightarrow 2Fe(OH)_3 + 3CaSO_4 + 6CO_2$

수질환경기사 2022년 03

필답형 기출문제

잠깐! 더 효율적인 공부를 위한 링크들을 적극 이용하세요~!

직8딴 홈페이지
- 출시한 책 확인 및 구매

직8딴 카카오오픈톡방
- 실시간 저자의 질문 답변
  (주7일 아침 11시~새벽 2시까지, 전화로도 함)
- 직8딴 구매자전용 복지와 혜택 획득
  (최소 달에 40만원씩 기프티콘 지급)
- 구매자들과의 소통 및 EHS 관련 정보 습득

직8딴 네이버카페
- 실시간으로 최신화되는 정오표 확인
  (정오표: 책 출시 이후 발견된 오타/오류를 모아놓은 표, 매우 중요)
- 공부에 도움되는 컬러버전 그림 및 사진 습득
- 직8딴 구매자전용 복지와 혜택 획득

직8딴 유튜브
- 저자 직접 강의 시청 가능
- 공부 팁 및 암기법 획득
- 국가기술자격증 관련 정보 획득

2022년 필답형 기출문제

1회 기출문제

001

메탄 최대수율은 제거 1kg COD당 $0.35m^3\ CH_4$임을 증명하고, 유량 $1,000m^3/d$, COD 3,000mg/L, COD제거율: 80%일 경우 발생 CH_4 량(m^3/d)을 구하시오.

해 -증명과정

$$C_6H_{12}O_6\ +\ 6O_2\ \rightarrow\ 6CO_2\ +\ 6H_2O$$
$$\quad 180\quad :\ 6\cdot 32$$
$$\quad\ X\quad :\ 1$$

$$X = \frac{180\cdot 1}{6\cdot 32} = 0.938 kg$$

$$C_6H_{12}O_6\ \rightarrow\ 3CH_4\ +\ 3CO_2$$
$$\quad 180\quad :\ 3\cdot 22.4$$
$$\ 0.938\quad :\quad X$$

$$X = \frac{3\cdot 22.4\cdot 0.938}{180} = 0.35m^3$$

-발생 CH_4량

발생 CH_4량 = 유량 · COD농도 · COD제거율 · CH_4최대수율

$$= \frac{1,000m^3\cdot 3,000mg\cdot 0.8\cdot 0.35m^3(CH_4)\cdot 1,000L\cdot kg}{d\cdot L\cdot kg(COD)\cdot m^3\cdot 10^6 mg} = 840m^3/d$$

답 증명과정: 해설 참조 발생 CH_4량: $840m^3/d$

002

폐수량 변동은 표와 같으며 평균 유량 조건하에서 저류지 체류시간이 7시간이라면 08시에서 20시까지의 저류지 평균 체류시간을 구하시오.

일중시간(시)	0	2	4	6	8	10	12	14	16	18	20	22
평균유량 백분율(%)	87	77	69	66	88	102	125	138	148	150	148	99

해 $08 \sim 20$시 평균유량 $= \dfrac{(0.88 + 1.02 + 1.25 + 1.38 + 1.48 + 1.5 + 1.48) \cdot Q}{7} = 1.284Q$

$V = Q \cdot t \rightarrow Q \cdot 7h = 1.284Q \cdot t$

$t = \dfrac{7}{1.284} = 5.45h$

답 5.45h

003

300mL BOD병에 60mL의 시료를 넣고 나머지 부분은 희석수로 채운 후 BOD실험을 진행했다. 초기 DO농도 8mg/L, 5일 후 DO농도 5mg/L일 때 시료 BOD농도(mg/L)를 구하시오.

해 BOD $= (D_1 - D_2) \cdot P = (8-5) \cdot 5 = 15$mg/L, $P = \dfrac{300}{60} = 5$

D_1: 초기 용존산소(DO)농도 D_2: 5일 배양후 용존산소 농도   P: 희석배수

답 15mg/L

004

다음 조건으로 완전혼합활성슬러지 반응조 설계시 반응시간(h)을 구하시오.(1차반응기준)

- 유입수 COD : 950mg/L
- 유출수 COD : 120mg/L
- NBDCOD : 100mg/L
- MLSS농도 : 3,000mg/L
- 속도상수 : 0.55L/g·h(20℃ 기준)
- MLVSS : MLSS의 70%
- SS없음

[해] $\theta = \dfrac{S_i - S_o}{S_o \cdot K \cdot X} = \dfrac{(850-20)mg \cdot L \cdot g \cdot h \cdot L \cdot 1,000mg}{L \cdot 20mg \cdot 0.55L \cdot 2,100mg \cdot g} = 35.93h$

S = COD−NBDCOD
S_i = 950−100 = 850mg/L
S_o = 120−100 = 20mg/L
X = 3,000·0.7 = 2,100mg/L

[답] 35.93h

005

MLSS : 4,000mg/L, SVI : 100인 슬러지 1L를 30분 동안 침강시킨 후 부피(mL)를 구하시오.

[해] $SVI = \dfrac{SV_{30} \cdot 10^3}{MLSS} \rightarrow SV_{30} = \dfrac{SVI \cdot MLSS}{10^3} = \dfrac{100 \cdot 4,000}{10^3} = 400$

SVI : 고형물 1g이 만드는 슬러지 부피 SV_{30} : 30분간 침강후 차지하는 슬러지 부피

[답] 400mL

006

수심 4m, 폭 10m인 침사지에서 유속 0.05m/s일 때 프루드 수를 구하시오. 유체는 일부만 흐르고 있다.

[해] $Fr = \dfrac{V^2}{gR} = \dfrac{(0.05m)^2 \cdot s^2}{s^2 \cdot 9.8m \cdot 2.222m} = 1.15 \cdot 10^{-4}$

$R = \dfrac{H \cdot W}{2H + W} = \dfrac{4 \cdot 10}{2 \cdot 4 + 10} = 2.222m$

Fr : 프루드수 V : 유속 g : 중력가속도(= 9.8m/s²) R : 경심

[답] $1.15 \cdot 10^{-4}$

007

다음 조건으로 물음에 대한 답변을 하시오.

- 교반조 부피: $1,500 m^3$
- 점성계수: $1.14 \cdot 10^{-3} N \cdot s/m^2$
- $\rho = 1,000 kg/m^3$
- 속도경사: $30 s^{-1}$
- $C_D = 1.8$
- $V_P = 0.5 m/s$

1. 소요동력(W) 2. 패들면적(m^2)

해

1. $P = G^2 \cdot \mu \cdot V = \dfrac{30^2 \cdot 1.14 \cdot 10^{-3} N \cdot s \cdot 1,500 m^3 \cdot s \cdot W}{s^2 \cdot m^2 \cdot N \cdot m} = 1,539 W$

2. $P = 1,539 W = \dfrac{C_D \cdot \rho \cdot A \cdot V_P^3}{2} \rightarrow A = \dfrac{2 \cdot 1,539}{C_D \cdot \rho \cdot V_P^3} = \dfrac{2 \cdot 1,539}{1.8 \cdot 1,000 \cdot 0.5^3} = 13.68 m^2$

P: 동력 G: 속도경사 μ: 점도 V: 부피 P_a: 압력 Q_a: 필요공기량 h: 깊이
C_D: 항력계수 ρ: 밀도 A: 패들면적 V_P: 회전상대속도

답 1. $1,539 W$ 2. $13.68 m^2$

008

1차 침전지에 대한 권장 기준은 다음과 같으며 원주 웨어의 최대 웨어 월류부하가 적절한가에 대해 판단하고 그 근거를 설명하시오.(원형 침전지 기준)

- 평균유량: $7,600 m^3/d$
- 평균 월류율: $37 m^3/d \cdot m^2$
- 최소수면 깊이: $3m$
- 최대 월류율: $90 m^3/d \cdot m^2$
- 최대유량/평균유량: 2.75
- 최대 웨어 월류부하: $390 m^3/d \cdot m$

해 최대 웨어 월류부하 $= \dfrac{Q_{max}}{\pi D} = \dfrac{20,900 m^3}{d \cdot \pi \cdot 17.195 m} = 386.9 m^3/m \cdot d$

$Q_{max} = 7,600 \cdot 2.75 = 20,900 m^3/d$

$D = \sqrt{\dfrac{4A}{\pi}} = \sqrt{\dfrac{4 \cdot 232.222 m^2}{\pi}} = 17.195 m$

$A = \dfrac{Q}{V}$

1. 평균기준

$\dfrac{7,600 m^3 \cdot d \cdot m^2}{d \cdot 37 m^3} = 205.405 m^2$

2. 최대기준

$\dfrac{7,600 \cdot 2.75 m^3 \cdot d \cdot m^2}{d \cdot 90 m^3} = 232.222 m^2$

최대기준이 더 크니 $232.222 m^2$ 선택(설계기준이 됨)

답 최대 웨어 월류부하가 $386.9 m^3/m \cdot d$ 로 $390 m^3/m \cdot d$ 보다 낮아 적절하다.

009

혐기소화조의 소화가스 발생량 저하원인과 방지책 5가지 쓰시오.

답

저하원인	방지책
온도 저하	온도 상승시킴
소화가스 누출	소화조 수리
과다한 산 생성	부하 조절
소화슬러지 과잉배출	배출량 조절
저농도 슬러지 유입	농도 높임

010

다음 조건에서 물음에 대한 답변을 구하시오.

- 처리수량: 50,000m^3/d
- 여과지수: 8지
- 여과속도: 180m/d
- 역세속도: 0.6m/min
- 표세속도: 0.1m/min
- 1지 규격: 길이 : 폭 = 1 : 1
- 세정시간: 10min (전 여과지에 대해 1일 1회)

1. 소요 여과 면적(m^2/지)　　　　2. 총 세정수량(m^3/d)

해 1. $A = \dfrac{Q}{V} = \dfrac{50,000m^3 \cdot d}{d \cdot 180m \cdot 8지} = 34.72m^2/지$

2. 총 세정수량=표세수량+역세수량=277.76m^3/d+1,666.56m^3/d=1,944.32m^3/d

　표세수량= $\dfrac{34.72m^2 \cdot 8지 \cdot 0.1m \cdot 10\min}{지 \cdot \min \cdot d}$ =277.76m^3/d

　역세수량= $\dfrac{34.72m^2 \cdot 8지 \cdot 0.6m \cdot 10\min}{지 \cdot \min \cdot d}$ =1,666.56m^3/d

답 1. 34.72m^2/지　　2. 1,944.32m^3/d

011

100m^3/d로 양수할 때 양수정으로부터 10m와 20m 떨어진 관측정의 수위 저하는 각각 2m, 1m 였다. 자유 지하수층에 지름 0.5m 우물을 팠고, 양수 전 지하수는 불투수층 위로 20m일 때 이 대수층의 투수계수(m/h)와 양수정에서의 수위저하(m)를 구하시오.

관련 공식은 $Q = \dfrac{\pi k(H^2 - h_o^2)}{2.3\log(\dfrac{R}{r_o})} = \dfrac{\pi k(h_2^2 - h_1^2)}{\ln(\dfrac{r_2}{r_1})}$ 이다.

해 투수계수

$Q = \dfrac{\pi k(h_2^2 - h_1^2)}{\ln(\dfrac{r_2}{r_1})} \to 100 = \dfrac{\pi k((20-1)^2 - (20-2)^2)}{\ln(\dfrac{20}{10})} \to k = \dfrac{100\ln 2}{\pi(19^2 - 18^2)} = 0.6m/h$

수위 저하

$Q = \dfrac{\pi k(h_2^2 - h_1^2)}{\ln(\dfrac{r_2}{r_1})} \to 100 = \dfrac{\pi \cdot 0.6 \cdot ((20-2)^2 - X^2)}{\ln(\dfrac{10}{\dfrac{0.5}{2}})} \to \dfrac{100\ln\dfrac{20}{0.5}}{\pi \cdot 0.6} = 18^2 - X^2$

$\to X^2 = 128.299 \to X = \sqrt{128.299} = 11.33m \to$ 수위 저하 $= 20 - 11.33 = 8.67m$

답 대수층 투수계수: 0.6m/h　　양수정에서의 수위저하: 8.67m

012

A/O와 Phostrip 공정을 주요 반응조별 역할 중점으로 설명하시오.

📋 - A/O 공정

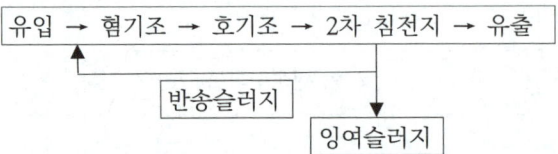

인만 처리 가능하며 혐기조에서 인 방출, 유기물 제거하며 호기조에서 인 과잉 흡수해 제거한다.

- Phostrip 공정

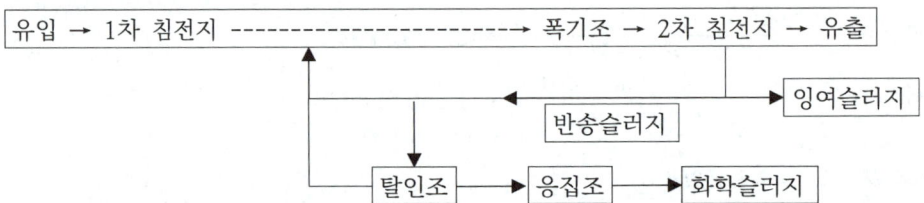

탈인조에서 인 방출하고, 폭기조에서 인 과잉흡수해 제거한다. 공정 운전성 좋고, 기존 활성슬러지 처리장에 쉽게 적용 가능하나 응집조에 석회주입 필요하고, 스트리핑을 위해 반응조가 필요하다.

013

R.O와 Electro dialysis 기본원리를 쓰시오.

📋 - R.O : 역삼투로 유체 평행 상태에서 고농도 용액 측에 삼투압 이상의 압력을 가하게 되면 고농도 용액에서 순수한 물이 저농도 용액 측으로 흘러 들어가는 현상
- Electro dialysis : 전기투석으로 이온교환막을 사이에 두고 전기를 통하게 하여 투석속도를 촉진시키는 조작

014

정수장(수돗물)에서 맛과 냄새를 제거하기 위한 처리법 3가지 쓰시오.

📋 폭기/염소처리/오존처리/활성탄처리

015

폐수의 최종 방류수가 수질환경에 미치는 영향을 적게 받는 방법 3가지 쓰시오.

📝 고도처리 공정 강화/방류수 수질기준 강화/오염물질 분해가능 생물 투입

016

빈칸을 채우시오.

1. 미생물이 새 미생물을 형성하기 위해 유기탄소를 이용하는 생물을 (A)이라 한다.
2. 세포합성에 필요한 에너지원으로 빛을 이용하는 생물을 (B)이라 한다.
3. 아질산염이나 질산염을 전자수용체로 사용하는 조건을 (C)이라 한다.

📝 A: 종속영양계   B: 광합성 미생물   C: 무산소 조건

017

빈칸을 채우시오.

	PFR(관형, 압출류형)	CMFR(CFSTR, 완전혼합형)
분산	(A)	(C)
분산수	(B)	(D)

📝 A: 0   B: 0   C: 1   D: ∞

018

추적물질(농도: 100mg/L)을 유량 2L/min인 수심이 얕은 개울에 주입했다. 이 수심이 얕은 개울의 하류에서 추적물질 농도가 6mg/L로 측정되었다면 수심이 얕은 개울 유량(m^3/s)을 구하시오.(단, 추적물질은 수심이 얕은 개울에 존재하지 않다.)

해 $C_m = \dfrac{C_1 Q_1 + C_2 Q_2}{Q_1 + Q_2}$

$\to 6 = \dfrac{100 \cdot 2 + 0 \cdot Q_2}{2 + Q_2} \to 12 + 6Q_2 = 200 \to Q_2 = \dfrac{200 - 12}{6} = 31.333 L/\min$

$\to Q_2 = \dfrac{31.333 L \cdot m^3 \cdot \min}{\min \cdot 1,000L \cdot 60s} = 5.22 \cdot 10^{-4} m^3/s$

답 $5.22 \cdot 10^{-4} m^3/s$

2회 기출문제

001

같은 부피의 CFSTR 세 개가 연속으로 있을 때 다음 조건을 이용해 물음에 대한 답변을 하시오.
(1차 반응)

- 유입수 농도: 150mg/L
- 유량: $0.2m^3/min$
- 속도상수: $0.25h^{-1}$
- 세 개의 반응기를 거친 유출수 농도: 8mg/L

1. 세 반응기 체류시간 합(h)
2. 세 반응기 부피 합(m^3)

해 1. $\frac{C_t}{C_o} = (\frac{1}{1+kt})^n \rightarrow (\frac{C_t}{C_o})^{\frac{1}{n}} = \frac{1}{1+kt} \rightarrow 1+kt = (\frac{C_t}{C_o})^{-\frac{1}{n}}$

$\rightarrow t = \frac{(\frac{C_t}{C_o})^{-\frac{1}{n}} - 1}{k} = \frac{(\frac{8}{150})^{-\frac{1}{3}} - 1}{0.25} = 6.627h, \ 6.627h \cdot 3개 = 19.88h$

2. $V = Q \cdot t = \frac{0.2m^3 \cdot 19.88h \cdot 60min}{min \cdot h} = 238.56m^3$

답 1. 19.88h 2. $238.56m^3$

002

다음 조건에서 CFSTR 부피(m^3)를 구하시오.(1차 반응이며 정상상태이다.)

- 효율: 95%
- 속도상수: $0.05h^{-1}$
- 유입유량: 300L/h
- 유입농도: 160mg/L

해 $V = \frac{Q \cdot (C_0 - C_t)}{k \cdot C_t} = \frac{300L \cdot (160-8)mg \cdot h \cdot L \cdot m^3}{h \cdot L \cdot 0.05 \cdot 8mg \cdot 1,000L} = 114m^3$
$C_t = C_0(1-\eta) = 160 \cdot (1-0.95) = 8mg/L$

답 $114m^3$

003

다음 조건으로 MLSS농도(mg/L)를 구하시오.

- 인구: 6,000인
- 유량: 400L/인·d
- 유입 BOD_5: 230mg/L
- BOD_5 제거율: 90%
- 생성계수: 0.5g MLVSS/g BOD_5
- 내호흡계수: $0.06d^{-1}$
- MLVSS: 0.7MLSS
- 반송비: 0.5
- 산화구 반응시간: 1d
- 총 고형물 중 생물분해 가능 분율: 0.8
- 순슬러지 생산량: 0

해 -MLSS농도

$Q_W X_W = Y \cdot BOD \cdot Q \cdot \eta - V \cdot k_d \cdot X$

$\rightarrow Q_W X_W = 0$(순슬러지 생산량), $0 = Y \cdot BOD \cdot Q \cdot \eta - 1.5Q \cdot t \cdot k_d \cdot X$

$V = 1.5Q \cdot t$(반송비가 0.5이니 유량에 1.5를 곱함)

$\rightarrow X = \dfrac{Y \cdot BOD \cdot \eta}{1.5t \cdot k_d} = \dfrac{0.5 \cdot 230mg \cdot 0.9 \cdot d}{L \cdot 1.5 \cdot 1d \cdot 0.06 \cdot 0.8 \cdot 0.7} = 2,053.57 mg/L$

Y: 생성수율 X_W: 폐슬러지 고형물 농도 Q_W: 폐슬러지 유량 X: MLSS농도

답 2,053.57mg/L

004

도시 하수처리 계통도 중 잘못 배열된 시설을 찾고 다음 조건으로 폭기조 용적(m^3)을 구하시오.

계통도
유입 → 침사지 → 스크린 → 1차 침전지 → 폭기조 → 2차 침전지 → 응집침전 → 부상분리 → 유출

조건
- 유량: $10,000m^3/d$
- F/M비: 0.5kgBOD/kgMLSS·d
- BOD농도: 500mg/L
- SS농도: 700mg/L
- MLSS농도: 2,500mg/L

해 - 올바른 계통도
유입 → 스크린 → 침사지 → 1차 침전지 → 폭기조 → 2차 침전지 → 응집침전 or 부상분리 → 유출

- 폭기조 용적

$F/M비 = \dfrac{BOD \cdot Q}{V \cdot X} \rightarrow V = \dfrac{BOD \cdot Q}{F/M비 \cdot X} = \dfrac{500mg \cdot 10,000m^3 \cdot kg(MLSS) \cdot d \cdot L}{L \cdot d \cdot 0.5kg(BOD) \cdot 2,500mg}$

$= 4,000m^3$

답 잘못된 부분: 스크린과 침사지 위치 바뀜/응집침전, 부상분리 중 하나 사용
폭기조 용적: $4,000m^3$

005

다음 조건에서 합리식 이용해 하수관에서 흘러나오는 우수량(m^3/s)을 구하시오.

- 유역면적: 120ha
- 유속: 1m/s
- 상업지구: 배수면적 1/2, 유출계수: 0.3
- 녹지: 배수면적 1/6, 유출계수: 0.1
- 유입시간: 5분
- 하수관 길이: 1,500m
- 주택지구: 배수면적 1/3, 유출계수: 0.5
- 강우강도: $\dfrac{5,000}{t(\min)+40}$ mm/hr

해 $Q = \dfrac{CIA}{360} = \dfrac{0.333 \cdot 71.429 \cdot 120}{360} = 7.93\,m^3/s$

$C = \dfrac{\Sigma \dfrac{A \cdot C}{A비율}}{A} = \dfrac{\dfrac{120 \cdot 0.3}{2} + \dfrac{120 \cdot 0.5}{3} + \dfrac{120 \cdot 0.1}{6}}{120} = 0.333$

$I = \dfrac{5,000}{t+40} = \dfrac{5,000}{30+40} = 71.429\,mm/h$

$t = 유입시간 + \dfrac{하수관\ 길이}{유속} = 5\min + \dfrac{1,500m \cdot s \cdot \min}{1m \cdot 60s} = 30\min$

A=120ha

Q: 우수량(m^3/s) C: 유출계수 I: 강우강도(mm/h) A: 배수면적(ha) $1km^2 = 100ha$

답 $7.93\,m^3/s$

006

유기물질 종류별 산소소비 그래프이다. 각 물질 종류, 분해성, 미생물 영향을 설명하시오.

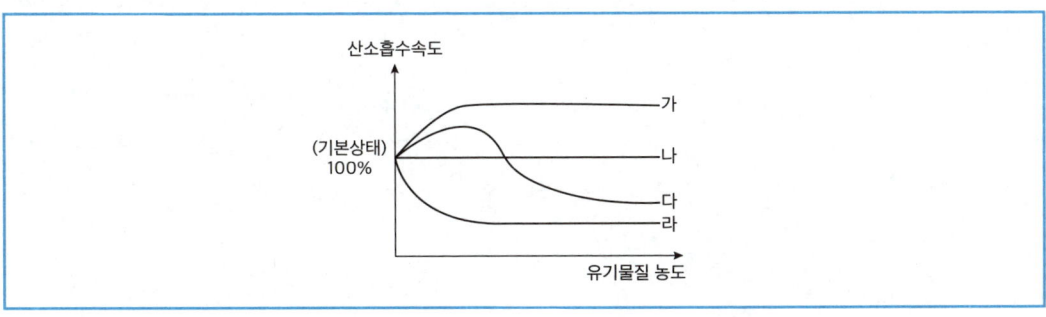

답 가: 일반적인 생분해성 유기물이며 유기물 농도 높아질수록 미생물에 의해 분해되며 산소소비속도 증가하다 일정해진다.
나: 비활성 유기물이며 미생물에 의해 분해되지 않는다.
다: 저농도에선 분해되나 고농도에선 미생물에게 독성을 띄는 물질이다.
라: 미생물에게 독성을 띄는 물질이며 농도가 높아질수록 미생물 활동 방해해 산소소비속도 감소시킨다.

007

다음 조건으로 물음에 대한 답변을 구하시오.

• 수직고도: 50m	• 관 직경: 20cm	• 총 연장: 200m	• 유량: $0.1m^3/s$
• f: 0.03	• 펌프 효율: 70%	• 물 밀도: $1g/cm^3$	

1. 관 마찰손실수두 고려한 펌프 총 양정(m)   2. 펌프 소요동력(kW)

해 1.
$$H = h + \frac{f \cdot L \cdot V^2}{2 \cdot D \cdot g} + \frac{V^2}{2g} = 50m + \frac{0.03 \cdot 200m \cdot (3.183m)^2 \cdot s^2}{s^2 \cdot 2 \cdot 0.2m \cdot 9.8m} + \frac{(3.183m)^2 \cdot s^2}{s^2 \cdot 2 \cdot 9.8m}$$
$$= 66.02m$$
$$V = \frac{Q}{A} = \frac{4 \cdot 0.1m^3}{\pi \cdot 0.2^2 m^2 \cdot s} = 3.183 m/s$$

2.
$$P = \frac{\rho \cdot g \cdot Q \cdot H \cdot \alpha}{\eta} = \frac{1,000kg \cdot 9.8m \cdot 0.1m^3 \cdot 66.02m \cdot 1 \cdot s^3 \cdot W \cdot kW}{m^3 \cdot s^2 \cdot s \cdot 0.7 \cdot kg \cdot m^2 \cdot 1,000W}$$
$$= 92.43kW$$

H: 총양정(총손실수두) h: 마찰손실수두 f: 마찰계수 L: 길이 V: 유속 D: 직경
g: 중력가속도(= $9.8m/s^2$) P: 동력 ρ: 유체밀도 Q: 유량 α: 여유율(기본 1)
$1W = 1J/s = 1N \cdot m/s = 1kg \cdot m^2/s^3$

답 1. 66.02m   2. 92.43kW

008

깊이 180m인 호수 표면 4m 아래에 취수구가 있으며 원수를 펌프로 호수 표면에서 높이 5m에 있는 처리장 입구까지 수송한다. 펌프 흡입손실수두 3m, 배출손실수두 2m일 때 펌프효율은 70%로 한다. 처리장에서 45,000인분 물을 공급하며 평균 물소비량은 0.8m³/인·d일 때 펌프의 소요마력(HP)을 구하시오.

해 $P = \dfrac{\rho \cdot g \cdot Q \cdot H \cdot \alpha}{\eta} = \dfrac{1,000kg \cdot 9.8m \cdot 36,000m^3 \cdot 10m \cdot 1 \cdot d \cdot W \cdot s^3 \cdot HP}{m^3 \cdot s^2 \cdot d \cdot 0.7 \cdot (60 \cdot 60 \cdot 24)s \cdot kg \cdot m^2 \cdot 746W}$
$= 78.19 HP$

$Q = \dfrac{0.8m^3 \cdot 45,000인}{인 \cdot d} = 36,000m^3/d$

$H = 5+3+2 = 10m$ (4m는 무동력으로 올라오기에 고려 X)

$1W = 1J/s = 1N \cdot m/s = 1kg \cdot m^2/s^3$

H : 총양정(총손실수두) g : 중력가속도($=9.8m/s^2$) P : 동력 ρ : 유체밀도
Q : 유량 α : 여유율(기본 1) $1W = 1J/s = 1N \cdot m/s = 1kg \cdot m^2/s^3$ $1HP = 746W$

답 78.19HP

009

혐기 소화를 시킨 슬러지 고형물량: 2%, 비중: 1.5일 때 물음에 대한 답변을 구하시오.

1. 슬러지 비중(소수점 세 번째 자리까지)
2. 혐기성분해 시 호기성분해보다 슬러지 발생량이 적은 이유

해 1. $\dfrac{100\%}{\rho_{sl}} = \dfrac{수분\%}{\rho_{수분}} + \dfrac{고형물\%}{\rho_{고형물}} \rightarrow \dfrac{100}{X} = \dfrac{98}{1} + \dfrac{2}{1.5} = 99.333 \rightarrow X = 1.007$

2. 유기물이 분해되어 중간 생성물 형태로 에너지 갖는 유기물, 가스상 물질로 전환돼서

답 1. 1.007   2. 해설 참조

010

재순환형 살수여상 공정이며 다음 조건으로 평균 BOD₅ 부하(kg/m³·d)를 구하시오.

- 유량: $400 m^3/d$
- 유입BOD₅: 1g/L
- 유출BOD₅: 50mg/L
- 재순환비: 2.5
- 수량부하: $20 m^3/m^2 \cdot d$
- 반응조 깊이: 3m

해 $BOD 부하 = \dfrac{BOD \cdot Q}{V} = \dfrac{1g \cdot 400m^3 \cdot kg \cdot 10^3 L}{L \cdot d \cdot 210m^3 \cdot 10^3 g \cdot m^3} = 1.9 kg/m^3 \cdot d$

$V = AH = 70m^2 \cdot 3m = 210m^3$

$A = \dfrac{Q}{수량부하} = \dfrac{1,400m^3 \cdot m^2 \cdot d}{d \cdot 20m^3} = 70m^2$

$Q_t = Q + Q_r = 400 + 400 \cdot 2.5 = 1,400 m^3/d$

BOD부하는 재순환유량 고려 X

답 1.9kg/m³·d

011

PAC를 황산반토(Alum)와 비교해 장점 5가지 쓰시오.

답 응집보조제 불필요/적정 pH 폭 넓음/알칼리도 감소 적음/플록 형성속도 높음/저온 열화되지 않음

012

1개월 동안 대장균 계수 자료가 오름차순으로 주어졌을 때 기하평균과 중간 값을 구하시오.

대장균 계수자료							
1	13	60	85	150	234	330	331

해 -기하평균: $(변수들의 곱)^{\frac{1}{n}} = (1 \cdot 13 \cdot 60 \cdot 85 \cdot 150 \cdot 234 \cdot 330 \cdot 331)^{\frac{1}{8}} = 63.19$

-중간 값: 자료가 8개니 중간값은 4번째와 5번째 값의 중간이 중간값이다. → $\dfrac{85+150}{2} = 117.5$

답 기하평균: 63.19 중간 값: 117.5

013

$10^6 m^2$ 의 호수에 강우 PCB농도가 $0.1 \mu g/L$, 연평균 강우량이 70cm인 강우에 의해 호수로 직접 유입되는 PCB 양(ton/yr)을 구하시오.

해 면적 · PCB농도 · 강우량 = $\dfrac{10^6 m^2 \cdot 0.1 \mu g \cdot 0.7 m \cdot 1,000L \cdot ton}{L \cdot yr \cdot m^3 \cdot 10^{12} \mu g}$ = $0.7 \cdot 10^{-4} ton/yr$

답 $0.7 \cdot 10^{-4} ton/yr$

014

표준 활성슬러지법과 비교해 막 분리 활성슬러지법(=MBR공법) 원리와 장점(=특성) 4가지 쓰시오.

답 원리: 생물 반응조와 분리막 공정을 합친 것으로 N, P, SS, 유기물 제거에 효과적이다.
장점: 슬러지발생량 낮음/소요부지 적게 필요/고액분리 완벽히 가능/2차 침전지 침강성 관련 문제 없음

015

상수도시설 선정 시 고려사항 5가지 쓰시오.

답 1. 지형이 고려되어 최대한 이용되도록 할 것.
2. 시설 유지관리가 안전하고 쉬워야 하며 경제적일 것.
3. 장래에도 양질의 원수가 안정적으로 취수될 수 있을 것.
4. 자연재해 등 비상시에도 가능한 한 단수되지 않는 위치로 할 것.
5. 장래의 도시발전에 적합하고 장래 시설 확장이나 개량·갱신에 지장이 없을 것.

016

빈칸을 채우시오.

> 호수 부영양화 정도를 나타내는 TSI와 관련된 Carlson지수의 대표 수질인자 중 TSI가 (A)수록 (B), (C)는 (D)하고, (E)는 작아져 (F)가 된다.

📝 A: 커질   B: 총인   C: 클로로필-a   D: 증가   E: 투명도   F: 부영양호

017

해수 담수화 방식 중 상변화 방식에 속하는 방법과 상불변 방식에 속하는 방법 2가지씩 쓰시오.

📝 – 상변화 방식: 결정법(냉동법/가스수화물법), 증발법(투과기화법/증기압축법/다중효용법/다단 플래쉬법)
　　– 상불변 방식: 막법(역삼투법/전기투석법), 용매추출법

018

유체 흐름에서 정상류와 비정상류, 등류와 부등류를 설명하시오.

📝 정상류: 유체 내 각 점의 유속, 유량 등이 시간적으로 변화하지 않는 유체 흐름
　 비정상류: 유체 내 각 점의 유속, 유량 등이 시간적으로 변화하는 유체 흐름
　 등류: 유체 내 각 점의 유속, 유량 등이 시간적, 공간적으로 변화하지 않는 유체 흐름
　 부등류: 유체 내 각 점의 유속, 유량 등이 시간적, 공간적으로 변화하는 유체 흐름

3회 기출문제

001

다음 조건으로 응집처리 시설에서 제거되는 고형물 양(kg/d)을 구하시오.

- 황산 제2철 주입량: 50mg/L
- SS농도: 120mg/L
- 석회와 황산제2철 반응식: $Fe_2(SO_4)_3 + 3Ca(OH)_2 \rightarrow 2Fe(OH)_{3(s)} + 3CaSO_4$
- 유량: $10,000 m^3/d$
- 고형물 제거율: 90%

해 $Fe_2(SO_4)_3$ 주입량 = 황산 제2철 주입량 · 유량

$$= \frac{50mg \cdot 10,000m^3 \cdot 1,000L \cdot kg}{L \cdot d \cdot m^3 \cdot 10^6 mg} = 500kg/d$$

$Fe_2(SO_4)_3 + 3Ca(OH)_2 \rightarrow 2Fe(OH)_{3(s)} + 3CaSO_4$
399.6kg : 2 · 106.8kg
500kg/d : X kg/d

$X = \frac{2 \cdot 106.8 \cdot 500}{399.6} = 267.267 kg/d$

유입SS량 = SS농도 · 유량 = $\frac{120mg \cdot 10,000m^3 \cdot 1,000L \cdot kg}{L \cdot d \cdot m^3 \cdot 10^6 mg} = 1,200 kg/d$

→ 제거 고형물 양 = (267.267 + 1,200) · 0.9 = 1,320.54 kg/d

답 1,320.54 kg/d

002

다음 조건에서 정화조 유출수와 오수 합류 후 하수관로 유입 BOD농도(mg/L)를 구하시오.

- 계획 1인 1일 BOD 부하량: 70g(분뇨: 15g, 오수: 55g)
- 1인 1일 희석수 사용량: 50L
- 1인 1일 오수량: 350L
- 정화조 제거율: 50%

해 $C_m = \frac{C_1 Q_1 + C_2 Q_2}{Q_1 + Q_2} = \frac{157.142 \cdot 350 + 150 \cdot 50}{350 + 50} = 156.25 mg/L$

$C_1 = \frac{55g \cdot 인 \cdot d \cdot 1,000mg}{인 \cdot d \cdot 350L \cdot g} = 157.142 mg/L$

$C_2 = \frac{15g \cdot 인 \cdot d \cdot 0.5 \cdot 1,000mg}{인 \cdot d \cdot 50L \cdot g} = 150 mg/L$, 0.5는 정화조 제거율

답 156.25 mg/L

003

폐수 BOD_3 600mg/L, $NH_4^+ - N$ 10mg/L이다. 이 폐수를 활성슬러지공법으로 처리할 경우 첨가해야 할 N, P의 양(mg/L)을 구하시오.
($k_1 = 0.2d^{-1}$, 상용대수 기준, BOD_5 : N : P = 100 : 5 : 1)

해 소모 $BOD_t = BOD_u(1 - 10^{-k_1 \cdot t}) \rightarrow BOD_u = \dfrac{BOD_3}{1 - 10^{-k_1 t}} = \dfrac{600}{1 - 10^{-0.2 \cdot 3}} = 801.27 mg/L$

$\rightarrow BOD_5 = 801.27 \cdot (1 - 10^{-0.2 \cdot 5}) = 721.143 mg/L$
BOD_5 : N : P $\rightarrow$ 100 : 5 : 1 = 721.143 : 36.057 : 7.211
N=36.057-10(=질소 존재값)=26.057mg/L,   P=7.211mg/L

답 첨가해야 할 N의 양: 26.06mg/L,   P의 양: 7.21mg/L

004

다음 조건으로 탈질에 사용되는 무산소조 체류시간(h)을 구하시오.

- 유입수 $NO_3 - N$ 농도: 20mg/L
- MLVSS농도: 2,000mg/L
- 온도: 10℃
- $U'_{DN} = U_{DN} \cdot k^{(T-20)}(1 - DO)$ (단, $k = 1.09$)
- 유출수 $NO_3 - N$ 농도: 3mg/L
- DO농도: 0.1mg/L
- $U_{DN(20℃)} = 0.1d^{-1}$

해 $\theta = \dfrac{S_i - S_o}{U_{DN} \cdot X} = \dfrac{(20-3)mg \cdot d \cdot L \cdot 24h}{L \cdot 0.038 \cdot 2,000mg \cdot d} = 5.37h$

$U'_{DN} = U_{DN} \cdot k^{(T-20)}(1 - DO) = 0.1 \cdot 1.09^{(10-20)} \cdot (1 - 0.1) = 0.038d^{-1}$

답 5.37h

005

SVI: 100이고, 반송슬러지 양 비율을 폭기조 유입수량에 대해 0.3으로 운전할 때 MLSS농도 (mg/L)를 구하시오.

해 $X_r = \dfrac{10^6}{SVI} = \dfrac{10^6}{100} = 10^4 mg/L$

R = $\dfrac{X}{X_r - X}$ → 0.3 = $\dfrac{X}{10^4 - X}$ → $0.3 \cdot 10^4 - 0.3 \cdot X = X$ → X = 2,307.69mg/L

X_r : 슬러지 1L중 고형물 mg   SVI : 고형물 1g이 만드는 슬러지 부피

답 2,307.69mg/L

006

다음 조건에서 Manning 공식을 이용해 원형 수로 직경(cm)을 구하시오. 관수로식이다.

| • 유속: 1m/s | • 관 구배: 40‰ | • 조도계수: 0.013 |

해 $V = \dfrac{1}{n} \cdot I^{\frac{1}{2}} \cdot R^{\frac{2}{3}}$ → $\dfrac{n \cdot V}{I^{\frac{1}{2}}} = (\dfrac{D}{4})^{\frac{2}{3}}$

→ $D = (\dfrac{n \cdot V}{I^{\frac{1}{2}}})^{\frac{3}{2}} \cdot 4 = (\dfrac{0.013 \cdot 1}{0.04^{\frac{1}{2}}})^{\frac{3}{2}} \cdot 4 = 0.0663m = 6.63cm$

V : 유속(m/s) n : 조도계수 I : 경사 R : 경심(동수반경) D : 직경(m)   ‰ : 천분율

답 6.63cm

007

다음 조건에서 Manning 공식을 이용해 원형관 만류 시 유량(m^3/s)을 구하시오.

- 직경: 0.5m
- 하수관 경사: 1%
- 조도계수: 0.013

해 $Q = VA = \dfrac{1.923m \cdot 0.196m^2}{s} = 0.38 m^3/s$

$V = \dfrac{1}{n} \cdot I^{\frac{1}{2}} \cdot R^{\frac{2}{3}} = \dfrac{1}{0.013} \cdot 0.01^{\frac{1}{2}} \cdot 0.125^{\frac{2}{3}} = 1.923 m/s$

$n = 0.013$
$I = 0.01$
$R = \dfrac{D}{4} = \dfrac{0.5m}{4} = 0.125m$
$A = \dfrac{\pi}{4}D^2 = \dfrac{\pi \cdot (0.5m)^2}{4} = 0.196 m^2$

V: 유속(m/s) n: 조도계수 I: 경사 R: 경심(동수반경) D: 직경(m)

답 $0.38 m^3/s$

008

$0.025N - Na_2C_2O_4$ 표준용액 10mL에 대해 $0.025N - KMnO_4$ 용액으로 적정한 결과 적정 소비량 10mL 공시험 적정 소비량 0.1mL였다. 다음 물음에 답하시오.

1. $0.025N - KMnO_4$ 표준적정액 역가
2. 폐수 45mL를 시료수로 해 역적정 시 $0.025N - KMnO_4$ 표준적정용액 6.5mL가 소비되었다면 이 폐수의 정확한 COD농도(mg/L) (단, 공시험 적정 소비량: 0.3mL)

해 1. $f_a \cdot N_a \cdot V_a = f_b \cdot N_b \cdot V_b$ → 1·0.025·10 = f_b·0.025·(10-0.1) → f_b = 1.01

2. COD = (b-a)·f·$\dfrac{1,000}{V}$·0.2 = (6.5-0.3)·1.01·$\dfrac{1,000}{45}$·0.2 = 27.83 mg/L

a: 바탕시험 적정에 소비된 과망간산칼륨용액 b: 시료 적정에 소비된 과망간산칼륨용액
f: 역가 N: 노르말 농도(eq/L)

답 1. 1.01 2. 27.83 mg/L

009

$Mg(OH)_2$ 용액 100mL를 중화하기 위해 0.01N H_2SO_4 40mL가 사용되었을 때 이 용액의 경도 (mg/L)를 구하시오.

해 $N_a V_a = N_b V_b$ → X•100=0.01•40 → X=0.004N

경도= $\dfrac{0.004N \cdot eq \cdot (100/2)g \cdot 1,000mg}{N \cdot L \cdot eq \cdot g}$ =200mg/L as $CaCO_3$

(100/2)= $CaCO_3$ 분자량/당량수

답 200mg/L as $CaCO_3$

010

다음 조건으로 물음에 대한 답변을 하시오.

• 교반조 부피: 1,500m^3	• 속도경사: 30s^{-1}
• 점성계수: 1.14•$10^{-3}N \cdot s/m^2$	• C_D=1.8
• ρ=1,000kg/m^3	• V_P=0.5m/s
1. 소요동력(W)	2. 패들면적(m^2)

해 1. $P = G^2 \cdot \mu \cdot V = \dfrac{30^2 \cdot 1.14 \cdot 10^{-3}N \cdot s \cdot 1,500m^3 \cdot s \cdot W}{s^2 \cdot m^2 \cdot N \cdot m} = 1,539\,W$

2. P=1,539 W= $\dfrac{C_D \cdot \rho \cdot A \cdot V_P^3}{2}$ → A= $\dfrac{2 \cdot 1,539}{C_D \cdot \rho \cdot V_P^3} = \dfrac{2 \cdot 1,539}{1.8 \cdot 1,000 \cdot 0.5^3}$ =13.68m^2

P: 동력 G: 속도경사 μ: 점도 V: 부피 P_a: 압력 Q_a: 필요공기량 h: 깊이
C_D: 항력계수 ρ: 밀도 A: 패들면적 V_P: 회전상대속도

답 1. 1,539W 2. 13.68m^2

011

2단 살수여과상 처리장에서 유량 $3,785 m^3/d$인 도시폐수를 처리한다. 이 두 여과상의 부피, 효율, 반송률이 같다. 주어진 조건을 이용해 공정의 직경(m)을 구하시오.

- 여과상 깊이: 2m
- 유입 BOD농도: 200mg/L
- 최종 BOD농도: 20mg/L
- 반송률: 1.5
- 반송계수: $F = \dfrac{1+R}{(1+0.1R)^2}$
- 1단 여과상 BOD_5 제거율: $E = \dfrac{1}{1+0.432 \cdot \sqrt{\dfrac{W}{V \cdot F}}}$

해
$V = A \cdot H = \dfrac{\pi}{4}D^2 \cdot H = 350.219 \rightarrow D = \sqrt{\dfrac{4 \cdot 350.219}{\pi \cdot 2}} = 14.93m$

$E = \dfrac{1}{1+0.432 \cdot \sqrt{\dfrac{W}{V \cdot F}}} \rightarrow E + 0.432E\sqrt{\dfrac{W}{VF}} = 1 \rightarrow \dfrac{(1-E)}{0.432E} = \sqrt{\dfrac{W}{VF}} \rightarrow \left(\dfrac{1-E}{0.432E}\right)^2 = \dfrac{W}{VF}$

$\rightarrow V(m^3) = \dfrac{W}{\left(\dfrac{1-E}{0.432E}\right)^2 \cdot F} = \dfrac{757}{\left(\dfrac{1-0.684}{0.432 \cdot 0.684}\right)^2 \cdot 1.89} = 350.219 m^3$

$W(kg/d) = \dfrac{3,785m^3 \cdot 200mg \cdot kg \cdot 1,000L}{d \cdot L \cdot 10^6 mg \cdot m^3} = 757 kg/d$

$F = \dfrac{1+1.5}{(1+0.1 \cdot 1.5)^2} = 1.89$

$\eta = 1-(1-E)^2 = (1-\dfrac{20}{200}) = 0.9 \rightarrow 0.1 = (1-E)^2 \rightarrow \sqrt{0.1} = 1-E \rightarrow E = 0.684$

W: BOD부하　V: 부피　F: 반송계수　R: 재순환비(반송률)

답 14.93m

012

불꽃 원자흡수분광광도법에서 간섭 종류(오차 발생원인) 3가지 설명하시오.

답
이온화 간섭: 불꽃온도가 너무 높을 경우 발생
물리적 간섭: 표준물질과 시료 매질 차이에 의해 발생
광학적 간섭: 분석하고자 하는 원소의 흡수파장과 비슷한 다른 원소의 파장이 서로 겹쳐 비이상적으로 높게 측정되는 경우

013

호소 부영양화 방지책 중 호소 내 대책 4가지 쓰시오.

📝 심층폭기/차광막 설치/부착조류 제거/염양염류농도 높은 심층수 방류

014

혐기소화법과 호기소화법의 장점과 단점을 3가지씩 쓰시오.

📝

	혐기소화법	호기소화법
장점	- 동력비 낮음 - 메탄 생성량 많음 - 슬러지 생성량 적음	- 운전 용이 - 악취발생 적음 - 초기시공비 적음 - 상징수 수질 좋음
단점	- 악취 발생 - 고온 요구 - 운전조건 변화시 적응시간 긺	- 동력비 높음 - 탈수성 낮음 - 저온시 효율 낮음 - 유기물 감소율 낮음 - 건설부지 많이 필요

015

흡착제 중 GAC(입상활성탄)와 PAC(분말활성탄)를 5가지 항목으로 비교하시오.

📝

항목	분말활성탄(PAC)	입상활성탄(GAC)
흡착속도	낮음	높음
취급	쉬움	어려움
슬러지 발생	없음	많음
재생	가능	불가능
누출에 의한 흑수현상	겨울철 발생	없음

016

보기는 QUAL – Ⅱ 모델 13종 대상 수질인자이다. 추가해야 할 항목 5가지 쓰시오.

보기
• 유기인 • 질산성 질소 • 조류(클로로필-a) • 임의의 비보존성 물질
• 유기질소 • 아질산성 질소 • 암모니아성 질소 • 3개의 보존성 물질

📝 DO/온도/BOD/대장균/용존 총 인

017

빈칸을 채우시오.

정류벽의 개구면적이 너무 (A) 정류효과가 떨어지고 너무 (B) 정류공 통과부에서 유속이 과대하게 되므로, 지내수류 및 플록파괴의 관점에서 바람직하지 못하다. 정류공의 직경은 (C) 전후, 정류공의 단면적은 수류전체의 횡단면적에 대하여 약 (D) 정도가 바람직하다. 이 정류벽은 유입단에서 (E) 이상 떨어진 위치에 설치하는 것이 바람직하다.

📝 A: 크면   B: 작으면   C: 10cm   D: 6%   E: 1.5m

018

완전혼합형이며 질량불변의 법칙을 적용해 호수의 물질수지식을 작성하시오. 1차 반응이며 k를 반응속도상수로 한다. 또한, 기준성분 질량 변화량 = 유입량 – 유출량 – 반응량이다.

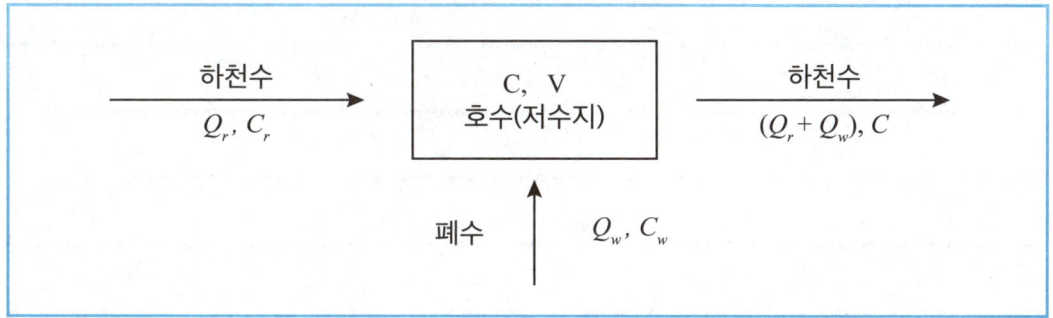

답 $V \dfrac{dC}{dt} = C_r Q_r + C_W Q_W - C(Q_r + Q_W) - kVC$

V : 호수 용량 $\dfrac{dC}{dt}$: 오염물질 농도변화 C_r : 하천수의 오염물질 농도 Q_r : 하천수 유입량
C_W : 폐수의 오염물질 농도 Q_W : 폐수 유입량 C : 호수의 오염물질 농도 Q_r : 호수 유입량
k : 1차 반응속도 상수

MEMO

수질환경기사 2023년

04

필답형 기출문제

잠깐! 더 효율적인 공부를 위한 링크들을 적극 이용하세요~!

직8딴 홈페이지
- 출시한 책 확인 및 구매

직8딴 카카오오픈톡방
- 실시간 저자의 질문 답변
(주7일 아침 11시~새벽 2시까지, 전화로도 함)
- 직8딴 구매자전용 복지와 혜택 획득
(최소 달에 40만원씩 기프티콘 지급)
- 구매자들과의 소통 및 EHS 관련 정보 습득

직8딴 네이버카페
- 실시간으로 최신화되는 정오표 확인
(정오표: 책 출시 이후 발견된 오타/오류를 모아놓은 표, 매우 중요)
- 공부에 도움되는 컬러버전 그림 및 사진 습득
- 직8딴 구매자전용 복지와 혜택 획득

직8딴 유튜브
- 저자 직접 강의 시청 가능
- 공부 팁 및 암기법 획득
- 국가기술자격증 관련 정보 획득

2023년 필답형 기출문제

1회 기출문제

001

유출수에 아질산성 질소 15mg/L, 암모니아성 질소 50mg/L 함유되어 있을 때 완전 질산화에 소요되는 이론적 산소 요구량(mg/L)를 구하시오.

해
$NO_2^- - N \; + \; 0.5 O_2 \; \to \; NO_3^- - N$
　14　　: 0.5 · 32
　15　　:　X
$X = \dfrac{0.5 \cdot 32 \cdot 15}{14} = 17.143 mg/L$

$NH_3^- - N \; + \; 2O_2 \; \to \; NO_3^- - N \; + \; H^+ \; + \; H_2O$
　14　　: 2 · 32
　50　　:　X
$X = \dfrac{2 \cdot 32 \cdot 50}{14} = 228.571 mg/L$
$\to 17.143 + 228.571 = 245.71 mg/L$

답 $245.71 mg/L$

002

BOD 300mg/L, 유량 200L/s에 대한 폐수처리 계획 수립하려 할 때 물음에 답하시오.

- 공장폐수 - BOD : 200kg/d, 유량 : 15L/s   • 인구 : 50,000명
  1. 공장폐수 BOD농도(mg/L)   2. 생활폐수 BOD부하량(g/d·인)

[해] 1. $BOD농도 = \dfrac{BOD}{유량} = \dfrac{200kg \cdot s \cdot 10^6 mg \cdot d}{d \cdot 15L \cdot kg \cdot (60 \cdot 60 \cdot 24)s} = 154.32 mg/L$

2. 생활폐수 BOD부하량 = 전체 BOD부하량 − 공장폐수 BOD부하량
$= 5,184 - 200 = 4,984 kg/d \rightarrow \dfrac{4,984 \cdot 10^3 g}{d \cdot 4 \cdot 50,000인} = 24.92 g/d \cdot 인$

전체 BOD부하량 $= \dfrac{300mg \cdot 200L \cdot kg \cdot (60 \cdot 60 \cdot 24)s}{L \cdot s \cdot 10^6 mg \cdot d} = 5,184 kg/d$

공장폐수 BOD부하량 $= 200 kg/d$

[답] 1. 154.32mg/L   2. 24.92g/d·인

003

다음 조건에서 저수지 유해물 농도가 50mg/L에서 2mg/L로 변할 때까지 걸리는 시간(년)을 구하시오. 저수지는 유입, 유출량은 강우량에만 의존한다. 또한 자연대수 기준이다.

- 저수량 : 30,000 m^3
- 연평균 강우량 : 1,200mm/yr
- 물 밀도 : 1ton/m^3
- 오염물질은 저수지 내 다른 물질과 미반응
- 저수지 면적 : 1.2ha
- 유해물 투입 전 유해물 농도 : 0mg/L
- 저수지 : 완전 혼합상태, CFSTR로 가정

[해] $\ln \dfrac{C_t}{C_0} = -\dfrac{Q}{V} \cdot t \rightarrow t = -\dfrac{\ln \dfrac{C_t}{C_0} \cdot V}{Q} = -\dfrac{\ln \dfrac{2}{50} \cdot 30,000 m^3 \cdot yr}{14,400 m^3} = 6.71 yr$

$Q = 강우량 \cdot 저수지\ 면적 = \dfrac{1,200mm \cdot 1.2ha \cdot m \cdot 0.01 km^2 \cdot (1,000m)^2}{yr \cdot 1,000mm \cdot ha \cdot km^2} = 14,400 m^3/yr$

[답] 6.71년

004

온도보정계수 $\theta = 1.062$ 이고, 2차 반응에 따라 붕괴하는 초기농도: $3 \cdot 10^{-4} M$ 인 오염물질의 속도상수(20℃): $106.8 L/mol \cdot h$ 일 때 다음 물음에 답하시오.

| 1. 2시간 후 물질 농도(M) | 2. 온도가 30℃로 상승 시 2시간 뒤 농도(M) |

해 1. $\dfrac{1}{C_t} - \dfrac{1}{C_o} = kt \rightarrow C_t = \dfrac{C_o}{2kC_o + 1} = \dfrac{3 \cdot 10^{-4}}{2 \cdot 106.8 \cdot 3 \cdot 10^{-4} + 1} = 2.82 \cdot 10^{-4} M$

2. $\dfrac{1}{C_t} - \dfrac{1}{C_o} = kt \rightarrow C_t = \dfrac{C_o}{2kC_o + 1} = \dfrac{3 \cdot 10^{-4}}{2 \cdot 194.902 \cdot 3 \cdot 10^{-4} + 1} = 2.69 \cdot 10^{-4} M$

$k_T = k_{20℃} \cdot 1.062^{(T-20)} \rightarrow k_{30℃} = 106.8 \cdot 1.062^{(30-20)} = 194.902 L/mol \cdot h$

답 1. $2.82 \cdot 10^{-4} M$ 2. $2.69 \cdot 10^{-4} M$

005

환경영향평가 중 수질관리 모델링의 감응도 분석에 대해 쓰시오.

답 설정된 수질 모델에 입력 자료 적용 시 그 변화가 수질항목 농도에 미치는 영향을 분석한 것으로 수질항목 변화율이 입력자료 변화율보다 클 때 그 수질항목은 민감하다.

006

다음 조건으로 물음에 대한 답변을 하시오.(단, 상용대수기준, Streeter phelps 식 이용)

- 초기 용존산소 부족량: 3mg/L
- 탈산소계수: $0.4d^{-1}$
- 최종BOD: 20mg/L
- 자정계수: 2.25

1. 임계시간(d) 2. 임계점의 산소부족량(mg/L)

해 1. $t_c = \dfrac{1}{k_1(f-1)}\log[f(1-(f-1)\dfrac{D_0}{L_0})]$

$= \dfrac{1 \cdot d}{0.4(2.25-1)}\log[2.25(1-(2.25-1)\dfrac{3}{20})] = 0.52d$

2. $D_c = \dfrac{L_0}{f} \cdot 10^{-k_1 \cdot t_c} = \dfrac{20}{2.25} \cdot 10^{-0.4 \cdot 0.52} = 5.51 mg/L$

D_t: t시간 후 용존산소 부족농도 D_c: 임계부족농도 D_o: 초기부족농도
t_c: 임계시간 L_o: 최초BOD_u k_1: 탈산소계수 k_2: 재폭기계수 f: 자정계수($= \dfrac{k_2}{k_1}$)

답 1. 0.52d 2. 5.51mg/L

007

유출계수 0.8, 유역면적 10^4ha에 3시간 동안 10cm 비가 내렸을 때 합리식 이용해 유량(m^3/s)을 구하시오.

해 $Q = \dfrac{CIA}{360} = \dfrac{0.8 \cdot 33.333 \cdot 10^4}{360} = 740.73 m^3/s$

$I = \dfrac{100mm}{3h} = 33.333 mm/h$

Q: 우수량(m^3/s) C: 유출계수 I: 강우강도(mm/h) A: 배수면적(ha)

답 $740.73 m^3/s$

008

다음 조건으로 물음에 답하시오.(층류이고 독립침전으로 가정)

- 침전지 수면적: 150m²
- 폐수 점도: 0.1kg/m·s
- 폐수 유량: 1,000m³/d
- 입자 밀도: 2,000kg/m³
- 폐수 밀도: 1,000kg/m³

1. 완전 입자제거 가능 입자 중 가장 작은 입자의 침강속도(m/d)
2. 완전 입자제거 가능 입자 중 가장 작은 입자 직경(mm)

해 1. $V = \dfrac{Q}{A} = \dfrac{1,000m^3}{d \cdot 150m^2} = 6.67m/d$

2.
$$V_g = \dfrac{gd_p^2(\rho_p - \rho)}{18\mu}$$

$$\rightarrow d_p = \sqrt{\dfrac{V_g 18\mu}{g(\rho_p - \rho)}} = \sqrt{\dfrac{6.67m \cdot 18 \cdot 0.1kg \cdot s^2 \cdot m^3 \cdot d \cdot (10^3 mm)^2}{d \cdot m \cdot s \cdot 9.8m \cdot (2,000 - 1,000)kg \cdot (60 \cdot 60 \cdot 24)s \cdot m^2}}$$

$= 0.12mm$

V_g : 침강속도 g : 중력가속도(= 9.8m/s²) d_p : 입자직경 ρ_p : 입자밀도 ρ : 물 밀도 μ : 점도

답 1. 6.67m/d   2. 0.12mm

009

다음 조건에서 물음에 대한 답변을 하시오.(유체 흐름은 완전 층류이다.)

- 제거대상 직경: 0.02cm
- 액체 비중: 1
- 부상조 폭: 5m
- 유적 비중: 0.9
- 처리유량: 20,000m³/d
- 액체 점도: 0.01g/cm·s
- 부상조 수심: 3m

1. 부상시간(min)   2. 부상조 소요 길이(m)

해 1. $t = \dfrac{H}{V_f} = \dfrac{3m \cdot s \cdot 100cm \cdot min}{0.218cm \cdot m \cdot 60s} = 22.94\text{min}$

$V_f = \dfrac{gd_p^2(\rho_p - \rho)}{18\mu} = \dfrac{9.8m \cdot (0.02cm)^2 \cdot (1 - 0.9)g \cdot cm \cdot s \cdot 100cm}{s^2 \cdot cm^3 \cdot 18 \cdot 0.01g \cdot m} = 0.218cm/s$

2. $V_f = \dfrac{Q}{L \cdot W} \rightarrow L = \dfrac{Q}{V_f \cdot W} = \dfrac{20,000m^3 \cdot s \cdot d \cdot 100cm}{d \cdot 0.218cm \cdot 5m \cdot 24 \cdot 60 \cdot 60s \cdot m} = 21.24m$

V_g : 침강속도 g : 중력가속도(= 9.8m/s²) d_p : 입자직경 ρ_p : 입자밀도 ρ : 물 밀도 μ : 점도

답 1. 22.94min   2. 21.24m

010

온도 40℃, 유량 $0.6m^3/min$ 인 폐수에 침강성 오염물질 농도 300mg/L, 비침강성 오염물질 농도 150mg/L 포함되어 있다. 이 폐수를 부상조, 응집침전조를 거쳐 침강성 오염물질 농도 30mg/L, 비침강성 오염물질 농도 15mg/L로 줄이려 할 때 물음에 답하시오.
(응집침전조는 침강성 오염물질만 제거, 부상조는 비침강성 오염물질만 제거한다.)

- A/S : 0.05
- $\frac{50mg \text{ 응집제}}{g \text{ 오염물질양}}$
- 슬러지(비중 : 1) 함수율 : 97%
- 게이지압 : 400kPa
- 공기포화분율 : 0.85
- 표면부하율 : $0.1 m^3/m^2 \cdot min$
- 공기용해도 : 19mL/L

1. 부상조 반송유량(L/min)
2. 반송유량 고려한 부상조 최소표면적(m^2)
3. 응집침전조에서의 이론적 슬러지량(L/min)

해 1.
$$Q_r = \frac{A/S \cdot S \cdot Q}{1.3Sa(fP-1)} = \frac{0.05 \cdot 150 \cdot 0.6}{1.3 \cdot 19 \cdot (0.85 \cdot 4.948 - 1)} = 0.05683 m^3/min = 56.83 L/min$$

$P \to$ 전압 = 게이지압 + 1atm = $\frac{400}{101.325} atm + 1atm = 4.948 atm$

2. $A = \frac{\text{유량} + \text{반송유량}}{\text{표면부하량}} = \frac{(0.6 + 0.05683)m^3 \cdot m^2 \cdot min}{min \cdot 0.1 m^3} = 6.57 m^2$

3. 슬러지량 = $\frac{(\text{제거 고형물량} + \text{약품 첨가량})}{(1 - \text{함수율}) \cdot \text{밀도}} = \frac{(162+9)g \cdot L}{min \cdot (1-0.97) \cdot 1,000g} = 5.7 L/min$

제거 고형물량 = $\frac{(300-30)mg \cdot 0.6m^3 \cdot g \cdot 10^3 L}{L \cdot min \cdot 10^3 mg \cdot m^3} = 162 g/min$

약품 첨가량 = $\frac{300mg \cdot 0.6m^3 \cdot 50mg \cdot g \cdot 10^3 L \cdot g}{L \cdot min \cdot g \cdot 10^3 mg \cdot m^3 \cdot 10^3 mg} = 9 g/min$

비중은 단위가 없지만 밀도처럼 생각하자! 예) 비중1 = $1,000g/L = 1kg/m^3$

Q_r : 반송유량(m^3/min) Q : 유량(m^3/min) A/S : 기고비 S : 고형물농도(mg/L)
Sa : 용해도(mL/L) f : 포화분율(= 포화상수) P : 압력(atm)

답 1. 56.83L/min   2. $6.57m^2$ 3. 5.7L/min

011

산성도 4, 온도 25℃, 조성이 표와 같은 물을 연수화하기 위한 응집제 선정시 총 알칼리도 (g/L as $CaCO_3$)를 구하시오.

성분	Ca^{2+}	Mg^{2+}	HCO_3^-	CO_3^{2-}	Ba^{2+}
농도(eq/L)	5	2	3	0.05	3

해 알칼리도 물질: HCO_3^-, CO_3^{2-} → $\dfrac{(3+0.05)eq \cdot 50g}{L \cdot eq}$ = 152.5g/L as $CaCO_3$

답 152.5g/L as $CaCO_3$

012

Cu^{2+} 30mg/L, Zn^{2+} 10mg/L, Ni^{2+} 20mg/L 를 함유한 폐수량 5,000m^3/d 을 양이온 교환수지 $10^5 g$ $CaCO_3/m^3$ 으로 제거하고자 한다. 10일 주기로 양이온 교환수지가 재생된다 할 때 한 주기에 필요한 양이온 교환수지(m^3)를 구하시오.(원자량 Cu: 64, Zn: 65, Ni: 59이다.)

해 양이온 교환수지 부피 = $\dfrac{폐수 g 당량}{제거 CaCO_3}$ = $\dfrac{4.808 \cdot 10^6 g \cdot m^3}{10^5 g}$ = 48.08m^3

폐수g당량
= ($\dfrac{30}{64/2} + \dfrac{10}{65/2} + \dfrac{20}{59/2}$) · ($\dfrac{mg \cdot eq}{L \cdot g}$) · $\dfrac{100/2g}{eq}$ · $\dfrac{5,000m^3 \cdot g \cdot 1,000L \cdot 10d}{d \cdot 10^3 mg \cdot m^3}$
= 4.808·10^6g

답 48.08m^3

013

호소 부영양화 방지책 중 호소 내 대책 4가지 쓰시오.

답 심층폭기/차광막 설치/부착조류 제거/염양염류농도 높은 심층수 방류

014

A²/O 공정을 그리고, 인 제거 원리를 설명하시오.

📝 A²/O 공정

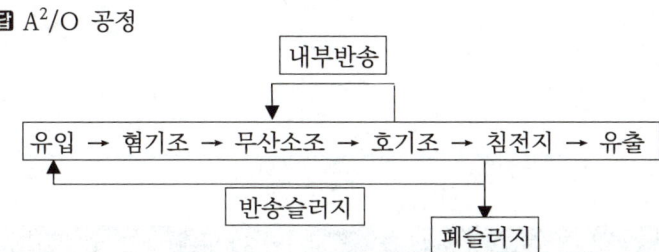

인 제거 원리 : 혐기조에서 인 방출하고, 무산소조에서 탈질산화하고, 호기조에서 인 과잉흡수해 제거한다. 또한 내부반송으로 호기조에서 산화된 질소를 무산소조로 반송해 탈질산화한다.

015

다음 조건에 맞는 펌프 형식을 쓰시오.

	A	B	C	D
전양정(m)	3~12	4 이상	5 이하	5~20
펌프구경(mm)	400 이상	80 이상	400 이상	300 이상

📝 A : 사류펌프 B : 원심펌프 C : 축류펌프 D : 원심사류펌프

016

전염소처리, 중간염소처리의 염소 주입시점을 쓰시오.

📝 전 염소처리 : 착수정과 혼화지 사이   중간 염소처리 : 여과지와 침전지 사이

017

흡광광도법 분석과정별 구성요소를 쓰시오.

📋 광원부 - 파장선택부 - 시료부 - 측광부

018

다음 빈칸을 쓰시오.

하수 배제방식	펌프장 종류	계획하수량
분류식	중계펌프장 소규모펌프장 방류펌프장	(A)
	빗물펌프장	(B)
합류식	중계펌프장 소규모펌프장 방류펌프장	(C)
	빗물펌프장	(D)

📋 A: 계획시간 최대오수량   B: 계획우수량   C: 우천시 계획오수량   D: 계획하수량-우천시 계획오수량

2회 기출문제

001

다음 물음에 답하시오.

> • 총COD: 410mg/L • SCOD: 180mg/L • BOD$_5$: 220mg/L • SBOD$_5$: 100mg/L
> • TSS: 190mg/L • VSS: 150mg/L • K(=$\frac{BOD_U}{BOD_5}$): 1.6mg/L
>
> 1. NBDSS(mg/L)   2. NBDICOD(mg/L)   3. NBDCOD(mg/L)

해
```
   COD   =  SCOD   +  ICOD           410 = 180 + 230
    ‖        ‖         ‖               ‖     ‖     ‖
  BDCOD  = BDSCOD  + BDICOD    →    352 = 160 + 192
    +        +         +               +     +     +
 NBDCOD  = NBDSCOD + NBDICOD          58 =  20 + 38
```

NBDSS = FSS + NBDVSS = FSS + VSS · $\frac{NBDICOD}{ICOD}$ = 40 + 150 · $\frac{38}{230}$ = **64.78mg/L**

VSS : NBDVSS = ICOD : NBDICOD
FSS = TSS − VSS = 190 − 150 = 40mg/L
BDCOD = BOD$_U$ = BOD$_5$ · k = 220 · 1.6 = 352mg/L
BDSCOD = SBOD$_U$ = SBOD$_5$ · k = 100 · 1.6 = 160mg/L

COD: 화학적 산소요구량
SCOD: 용해성 화학적 산소요구량
SBOD: 용해성 생화학적 산소요구량
ICOD: 불용성 화학적 산소요구량
BDCOD: 생분해성 유기물에 의한 COD(=BOD$_U$)
BDSCOD: 생분해성 유기물에 의한 용해성 화학적 산소요구량
BDICOD: 생분해성 유기물에 의한 불용성 화학적 산소요구량
NBDCOD: 난분해성 유기물에 의한 COD
NBDSCOD: 난분해성 유기물에 의한 용해성 화학적 산소요구량
NBDICOD: 난분해성 유기물에 의한 불용성 화학적 산소요구량
NBDSS: 난분해성 유기물에 의한 부유고형물
NBDVSS: 난분해성 유기물에 의한 휘발성 부유고형물
TSS: 총 부유고형물
FSS: 잔류성 부유고형물
VSS: 휘발성 부유고형물

답 1. 64.78mg/L   2. 38mg/L   3. 58mg/L

002

폐수에 3.5g의 CH_3COOH 와 0.65g의 CH_3COONa 를 용해시켰을 때 pH를 구하시오. CH_3COOH 의 평형상수 k_a 는 $1.8 \cdot 10^{-5}$ 이다.

해 pH=$\log(\dfrac{1}{k_a})+\log\dfrac{염}{약산}=\log(\dfrac{1}{1.8 \cdot 10^{-5}})+\log\dfrac{0.00793}{0.0583}$=3.88

염(CH_3COONa)= $\dfrac{0.65g \cdot mol}{82g}$ =0.00793mol

약산(CH_3COOH)= $\dfrac{3.5g \cdot mol}{60g}$ =0.0583mol

답 3.88

003

폐수가 유입되는 지점으로부터 10km 하류 지점의 BOD(mg/L)를 구하시오. 상용대수 기준이다.

- 폐수 - BOD : 200mg/L, 유량 : 600m^3/d
- 하천 유속 : 0.1m/s
- 탈산소계수 : 0.1/d
- 하천 - BOD : 10mg/L, 유량 : 5m^3/s
- 온도 : 20℃
- 다른 유입 유량 없음

해 $BOD_{1.157} = BOD_o \cdot 10^{-kt} = 10.264 \cdot 10^{-0.1 \cdot 1.157} = 7.86 mg/L$

$BOD_o = \dfrac{C_1Q_1 + C_2Q_2}{Q_1 + Q_2} = \dfrac{(200 \cdot 600 + 10 \cdot 432{,}000) mg \cdot m^3 \cdot d}{L \cdot d \cdot (600 + 432{,}000) m^3} = 10.264 mg/L$

$Q_2 = \dfrac{5m^3 \cdot (60 \cdot 60 \cdot 24)s}{s \cdot d} = 432{,}000 m^3/d$

$t = \dfrac{10^4 m \cdot s \cdot d}{0.1m \cdot (60 \cdot 60 \cdot 24)s} = 1.157d$

답 7.86mg/L

004

직사각형 침전조에서 슬러지 스크레이퍼 장치가 2개 이용되었을 때 다음 물음에 답하시오.

- 표면부하율: $25m^3/m^2 \cdot d$
- 체류시간: 6h
- 침전조 길이:폭 = 2:1
- 유량: $30,000m^3/d$

1. 침전조 폭(m)   2. 침전조 길이(m)   3. 침전조 수심(m)

해 1. 표면부하율 $= \dfrac{Q}{A} \rightarrow A = \dfrac{Q}{\text{표면부하율}} = \dfrac{30,000m^3 \cdot m^2 \cdot d}{d \cdot 25m^3} = 1,200m^2$
$\rightarrow 1,200m^2 = \text{길이} \cdot \text{폭} = (2\text{폭}) \cdot \text{폭} \rightarrow 2\text{폭}^2 = 1,200 \rightarrow \text{폭} = \sqrt{600} = 24.49m$

2. 길이 = 2·폭 = 2·24.49 = 48.98m

3. 수심 $= \dfrac{Qt}{\text{폭} \cdot \text{길이}} = \dfrac{30,000m^3 \cdot 6h \cdot d}{d \cdot 24.49m \cdot 48.98m \cdot 24h} = 6.25m$

답 1. 24.49m   2. 48.98m   3. 6.25m

005

유입량 $1,000m^3/d$, 유출량 $1,000m^3/d$인 용량 10^5m^3의 호수 상류부에 신설 공장에서 염소이온이 배출된다, 호수 내 염소이온 농도가 500mg/L로 변화하는데 걸리는 소요시간(d)를 구하시오. 또한 자연대수 기준이다.

- 공장 신설 전 염소이온 농도: 40mg/L
- 공장 신설 후 염소이온 부하량: 1,100kg/d
- 저수지: 완전 혼합상태, CFSTR로 가정
- 염소이온은 저수지 내 다른 물질과 미반응

해 $\ln \dfrac{C_i - C_t}{C_i - C_o} = -\dfrac{Q}{V} \cdot t \rightarrow t = -\dfrac{\ln \dfrac{C_i - C_t}{C_i - C_o} \cdot V}{Q} = -\dfrac{\ln \dfrac{1,100 - 500}{1,100 - 40} \cdot 10^5 m^3 \cdot d}{1,000m^3} = 56.91d$

$C_i = \dfrac{1,100kg \cdot d \cdot 10^6 mg \cdot m^3}{d \cdot 1,000m^3 \cdot kg \cdot 10^3 L} = 1,100 mg/L$

답 56.91d

006

포화용존산소농도 12mg/L인 활성슬러지조에서 물의 실 용존산소농도를 8mg/L에서 4mg/L로 낮출 경우 액상으로의 산소전달률은 몇 배 증가하는지 구하시오. 온도는 일정하다.

해 $\dfrac{dC}{dt} = K_{La}(C_s - C) \rightarrow \dfrac{K_{La}(12-4)}{K_{La}(12-8)} = 2 \rightarrow 2$배 증가

답 2배 증가

007

다음 조건을 가진 톱니형(= 직각 3각) 웨어 설치된 원형 1차침전지에 대한 물음에 답하시오.

· 유량: $20,000 m^3/d$	· 침전지 직경: 40m	· 측벽 높이: 3m
· 원추형 바닥 깊이 1.5m	· 웨어 월류길이 = $\dfrac{원주길이}{2}$	

1. 수리학적 체류시간(HRT, h) 2. 표면부하율($m^3/d \cdot m^2$) 3. 월류부하율($m^3/d \cdot m$)

해 침전지를 그리면 이렇다.

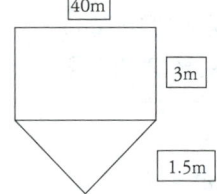

1. $t = \dfrac{V}{Q} = \dfrac{4,398.23 m^3 \cdot d \cdot 24h}{20,000 m^3 \cdot d} = 5.28h$

   $V = $ 원기둥부피 + 원뿔부피 $= (\dfrac{\pi}{4} \cdot 40^2 \cdot 3 + \dfrac{1}{3} \cdot \dfrac{\pi}{4} \cdot 40^2 \cdot 1.5) m^3 = 4,398.23 m^3$

2. 표면부하율 $= \dfrac{Q}{A} = \dfrac{20,000 m^3}{d \cdot \dfrac{\pi}{4} \cdot 40^2 m^2} = 15.92 m^3/d \cdot m^2$

3. 월류부하율 $= \dfrac{Q}{L} = \dfrac{20,000 m^3}{d \cdot \dfrac{\pi \cdot 40m}{2}} = 318.31 m^3/d \cdot m$

답 1. 5.28h 2. $15.92 m^3/d \cdot m^2$ 3. $318.31 m^3/d \cdot m$

008

1차 침전지에 대한 권장 기준은 다음과 같으며 원주 웨어의 최대 웨어 월류부하가 적절한가에 대해 판단하고 그 근거를 설명하시오.(원형 침전지 기준)

- 평균유량: $7,600 m^3/d$
- 평균 월류율: $37 m^3/d \cdot m^2$
- 최소수면 깊이: 3m
- 최대 월류율: $90 m^3/d \cdot m^2$
- 최대유량/평균유량: 2.75
- 최대 웨어 월류부하: $390 m^3/d \cdot m$

해 최대 웨어 월류부하 $= \dfrac{Q_{\max}}{\pi D} = \dfrac{20,900 m^3}{d \cdot \pi \cdot 17.195 m} = 386.9 m^3/m \cdot d$

$Q_{\max} = 7,600 \cdot 2.75 = 20,900 m^3/d$

$D = \sqrt{\dfrac{4A}{\pi}} = \sqrt{\dfrac{4 \cdot 232.222 m^2}{\pi}} = 17.195 m$

$A = \dfrac{Q}{V}$

1. 평균기준

$\dfrac{7,600 m^3 \cdot d \cdot m^2}{d \cdot 37 m^3} = 205.405 m^2$

2. 최대기준

$\dfrac{7,600 \cdot 2.75 m^3 \cdot d \cdot m^2}{d \cdot 90 m^3} = 232.222 m^2$

최대기준이 더 크니 $232.222 m^2$ 선택(설계기준이 됨)

답 최대 웨어 월류부하가 $386.9 m^3/m \cdot d$로 $390 m^3/m \cdot d$보다 낮아 적절하다.

009

다음 조건에서 총 알칼리도($mg/L\ as\ CaCO_3$)를 구하시오.

- CO_3^{2-} 농도: 30mg/L
- HCO_3^- 농도: 55mg/L
- pH: 10

해 총 알칼리도 $= \dfrac{1.7 \cdot (100/2)}{(17/1)} + \dfrac{30 \cdot (100/2)}{(60/2)} + \dfrac{55 \cdot (100/2)}{(61/1)} = 100.08 mg/L\ as\ CaCO_3$

$OH^- M = 10^{-(14-10)} M \rightarrow \dfrac{10^{-4} mol \cdot 17g \cdot 10^3 mg}{L \cdot mol \cdot g} = 1.7 mg/L$

답 $100.08 mg/L\ as\ CaCO_3$

010

수면적부하: $30m^3/m^2 \cdot d$ 이고, SS 침강속도 분포가 다음 표와 같은 침전지에서 나올 수 있는 SS 제거율(%)을 구하시오.

침강속도(cm/min)	3	2	1	0.7	0.5
SS 백분율(%)	20	25	30	15	10

해 침강속도 > 수면적부하이면 전부 제거된다.

수면부하 = $\dfrac{30m^3 \cdot 100cm \cdot d}{m^2 \cdot d \cdot m \cdot 24 \cdot 60\min} = 2.08 cm/\min$

SS 제거율 = $20 + 25 \cdot \dfrac{2}{2.08} + 30 \cdot \dfrac{1}{2.08} + 15 \cdot \dfrac{0.7}{2.08} + 10 \cdot \dfrac{0.5}{2.08} = 65.91\%$

침전속도 3cm/min는 수면부하보다 크기에 100% 침전된다.

답 65.91%

011

하수에 500kg/d의 염소가 포함되도록 염소농도 15wt%, 비중 1인 차아염소나트륨(NaOCl) 주입 시, 주입해야 할 NaOCl 부피(L/min)를 구하시오.

해 부피 = $\dfrac{500kg \cdot L \cdot d}{d \cdot 0.15 \cdot 1kg \cdot (60 \cdot 24)\min} = 2.31 L/\min$

답 2.31L/min

012

관정부식 원인과 방지책 4가지 쓰시오.

답 원인: 관내가 혐기상태가 되면 하수 중 황산염이 환원되어 황화수소 발생되며 대기에 농축된 후 벽면의 결로로 인해 재용해가 되고, 호기성 상태로 유황산화세균에 의해 산화되어 황산이 생성되어 부식시킨다.
반응식은 $H_2S + 2O_2 \rightarrow H_2SO_4$ 이다.
방지책: 환기/염소 주입/산소 공급/퇴적물 제거

013

수학적 수질모델링 절차이다. 빈칸을 채우시오.

설계 및 자료수집 → (A) → (B) → (C) → (D) → 수질예측 및 평가

📝 A: 모델링 프로그램 선택 및 운영   B: 보정   C: 검증   D: 감응도 분석

014

중온 혐기성 소화와 비교해 고온 혐기성 소화의 장점 2가지 쓰시오.

📝 소화일수 적음/메탄 생성량 많음/탈수능력 향상/박테리아 사멸률 증가/소화조 용량 줄이기 가능

015

다음 빈칸을 채우시오.

항목	완속여과지	급속여과지(단층)
여과속도	(A)	120~150m/d
유효경	(B)	0.45~0.7mm
균등계수	2 이하	(C)
여과층 두께(모래층)	70~90cm	(D)

📝 A: 4~5m/d   B: 0.3~0.45mm   C: 1.7 이하   D: 60~70cm

016

공기방울 공급방식에 따라 부상분리법을 분류하고 설명하시오.

📝 공기부상법: 공기를 직접 주입해 공기방울 형성하는 형태이며 부유물 제거에 사용한다.
　진공부상법: 진공으로 감압해 대기압에서 용존되어 있는 공기를 미세기포로 발생시키는 형태로 동력 소모 크다.
　용존공기부상법: 대표적 부상분리법으로 가압해 공기를 용존시키고 압력을 대기압으로 감소시켜 미세기포 발생시키는 형태이다.

017

다음 설명하는 용어를 쓰시오.

1. 원자가 외부로부터 빛을 흡수했다가 다시 먼저상태로 돌아갈 때 방사하는 스펙트럼선
2. 목적하는 스펙트럼선에 가까운 파장을 갖는 다른 스펙트럼선
3. 파장에 대한 스펙트럼선의 강도를 나타내는 곡선
4. 물질의 원자증기층을 빛이 통과할 때 각각 특유한 파장의 빛을 흡수한다. 이 빛을 분산하여 얻어지는 스펙트럼

답 1. 공명선(Resonance Line)   2. 근접선(Neighbouring Line)
    3. 선프로파일(Line Profile)   4. 원자흡광스펙트럼(Atomic Absorption Spectrum)

018

하천의 기본적인 용존산소 모델식인 Streeter – phelps Model을 표현한 것이다. 빈칸을 채우시오.(단위 포함)

$$D_t = \frac{k_1}{k_2 - k_1} L_0 (10^{-k_1 t} - 10^{-k_2 t}) + D_0 \times 10^{-k_2 t}$$

L_0 : A D_0 : B k_1 : C k_2 : D

답 A: 최초BOD(mg/L)   B: 초기 부족농도(mg/L)   C: 탈산소계수(d^{-1})   D: 재폭기계수(d^{-1})

3회 기출문제

001

다음 물음에 답하시오.

- 총COD: 410mg/L
- SCOD: 180mg/L
- BOD_5: 220mg/L
- $SBOD_5$: 100mg/L
- TSS: 190mg/L
- VSS: 150mg/L
- $K(= \dfrac{BOD_U}{BOD_5})$: 1.6mg/L

1. NBDSS(mg/L) 2. NBDICOD(mg/L) 3. NBDCOD(mg/L)

해

```
    COD    =   SCOD   +   ICOD           410 = 180 + 230
     ‖          ‖           ‖              ‖     ‖     ‖
   BDCOD  =  BDSCOD  +  BDICOD    →    352 = 160 + 192
     +          +           +              +     +     +
  NBDCOD = NBDSCOD + NBDICOD          58  =  20 + 38
```

$NBDSS = FSS + NBDVSS = FSS + VSS \cdot \dfrac{NBDICOD}{ICOD} = 40 + 150 \cdot \dfrac{38}{230} = 64.78 mg/L$

VSS : NBDVSS = ICOD : NBDICOD
FSS = TSS − VSS = 190 − 150 = 40mg/L
$BDCOD = BOD_U = BOD_5 \cdot k = 220 \cdot 1.6 = 352 mg/L$
$BDSCOD = SBOD_U = SBOD_5 \cdot k = 100 \cdot 1.6 = 160 mg/L$

COD: 화학적 산소요구량
SCOD: 용해성 화학적 산소요구량
SBOD: 용해성 생화학적 산소요구량
ICOD: 불용성 화학적 산소요구량
BDCOD: 생분해성 유기물에 의한 COD(=BOD_U)
BDSCOD: 생분해성 유기물에 의한 용해성 화학적 산소요구량
BDICOD: 생분해성 유기물에 의한 불용성 화학적 산소요구량
NBDCOD: 난분해성 유기물에 의한 COD
NBDSCOD: 난분해성 유기물에 의한 용해성 화학적 산소요구량
NBDICOD: 난분해성 유기물에 의한 불용성 화학적 산소요구량
NBDSS: 난분해성 유기물에 의한 부유고형물
NBDVSS: 난분해성 유기물에 의한 휘발성 부유고형물
TSS: 총 부유고형물
FSS: 잔류성 부유고형물
VSS: 휘발성 부유고형물

답 1. 64.78mg/L 2. 38mg/L 3. 58mg/L

002

유량 $5m^3/s$, DO농도 10mg/L인 하천에서 DO농도를 최소 5mg/L로 유지해야 자정능력이 있다 할 때 자연 정화에 이용되는 필요 산소량(kg/d)를 구하시오.

해 필요산소량 $= \dfrac{(10-5)mg \cdot 5m^3 \cdot kg \cdot (60 \cdot 60 \cdot 24)s \cdot 10^3 L}{L \cdot s \cdot 10^6 mg \cdot d \cdot m^3} = 2,160 kg/d$

답 2,160kg/d

003

시료 1L에 0.8kg $C_8H_{12}O_3N_2$가 존재할 때 $C_8H_{12}O_3N_2$ 1kg당 $C_5H_7O_2N$ 0.5kg을 합성한다. 이때 $C_8H_{12}O_3N_2$가 최종산물과 미생물로 완전 산화될 때 필요한 산소량(kg/L)을 구하시오.
(최종산물: CO_2, NH_3, H_2O)

해 $C_8H_{12}O_3N_2 + 3O_2 \rightarrow C_5H_7O_2N + 3CO_2 + NH_3 + H_2O$
　　184　　　　　　　　:　113
　　 X　　　　　　　　 :　0.8 · 0.5

$X = \dfrac{184 \cdot 0.8 \cdot 0.5}{113} = 0.651 kg/L$

$C_8H_{12}O_3N_2 + 3O_2 \rightarrow C_5H_7O_2N + 3CO_2 + NH_3 + H_2O$
　　184　　:　3 · 32
　　0.651　:　X

$X = \dfrac{3 \cdot 32 \cdot 0.651}{184} = 0.34 kg/L$

$C_8H_{12}O_3N_2 + 8O_2 \rightarrow 8CO_2 + 2NH_3 + 3H_2O$
　　184　　　　:　8 · 32
　(0.8 - 0.651)　:　X

$X = \dfrac{8 \cdot 32 \cdot (0.8 - 0.651)}{184} = 0.207 kg/L$

→ $0.34 + 0.207 = 0.55 kg/L$

답 $0.55 kg/L$

004

어느 폐수 유량 $300m^3/d$, BOD $2,000mg/L$이며 N과 P는 존재하지 않는다. 활성슬러지법으로 처리하기 위해 요구되는 황산암모늄과 인산의 소요량(kg/d)을 구하시오.
(BOD : N : P = 100 : 5 : 1)

해 -황산암모늄

$BOD량 = BOD농도 \cdot 유량 = \dfrac{2,000mg \cdot 300m^3 \cdot 1,000L \cdot kg}{L \cdot d \cdot m^3 \cdot 10^6 mg} = 600 kg/d$

필요 질소량 → $100 : 5 = 600 : N$, $N = \dfrac{5 \cdot 600}{100} = 30 kg/d$

$(NH_4)_2SO_4$: $2N$
　　132　　: 2・14
　　　X　　:　30

$X = \dfrac{132 \cdot 30}{2 \cdot 14} = 141.43 kg/d$

-인산

필요 인량 → $100 : 1 = 600 : P$, $P = \dfrac{1 \cdot 600}{100} = 6 kg/d$

H_3PO_4 : P
　98　　: 31
　　X　　: 6

$X = \dfrac{98 \cdot 6}{31} = 18.97 kg/d$

답 황산암모늄 소요량: $141.43 kg/d$ 인산 소요량: $18.97 kg/d$

005

BOD 300mg/L, 유량 200L/s에 대한 폐수처리 계획 수립하려 할 때 물음에 답하시오.

- 공장폐수 - BOD : 200kg/d, 유량 : 15L/s
- 인구 : 50,000명

1. 공장폐수 BOD농도(mg/L) 2. 생활폐수 BOD부하량(g/d·인)

해 1. $BOD농도 = \dfrac{BOD}{유량} = \dfrac{200kg \cdot s \cdot 10^6 mg \cdot d}{d \cdot 15L \cdot kg \cdot (60 \cdot 60 \cdot 24)s} = 154.32 mg/L$

2. 생활폐수BOD부하량 = 전체BOD부하량 − 공장폐수BOD부하량

$= 5,184 - 200 = 4,984 kg/d \rightarrow \dfrac{4,984 \cdot 10^3 g}{d \cdot 4 \cdot 50,000인} = 24.92 g/d \cdot 인$

전체BOD부하량 $= \dfrac{300mg \cdot 200L \cdot kg \cdot (60 \cdot 60 \cdot 24)s}{L \cdot s \cdot 10^6 mg \cdot d} = 5,184 kg/d$

공장폐수BOD부하량 $= 200 kg/d$

답 1. 154.32mg/L 2. 24.92g/d·인

006

다음 조건에서 저수지 유해물 농도가 50mg/L에서 2mg/L로 변할 때까지 걸리는 시간(년)을 구하시오. 저수지는 유입, 유출량은 강우량에만 의존한다. 또한 자연대수 기준이다.

- 저수량 : 30,000m^3
- 연평균 강우량 : 1,200mm/yr
- 물 밀도 : 1ton/m^3
- 오염물질은 저수지 내 다른 물질과 미반응
- 저수지 면적 : 1.2ha
- 유해물 투입 전 유해물 농도 : 0mg/L
- 저수지 : 완전 혼합상태, CFSTR로 가정

해 $\ln \dfrac{C_t}{C_0} = -\dfrac{Q}{V} \cdot t \rightarrow t = -\dfrac{\ln \dfrac{C_t}{C_0} \cdot V}{Q} = -\dfrac{\ln \dfrac{2}{50} \cdot 30,000 m^3 \cdot yr}{14,400 m^3} = 6.71 yr$

$Q = 강우량 \cdot 저수지 면적 = \dfrac{1,200mm \cdot 1.2ha \cdot m \cdot 0.01 km^2 \cdot (1,000m)^2}{yr \cdot 1,000mm \cdot ha \cdot km^2} = 14,400 m^3/yr$

답 6.71년

007

다음 조건으로 완전혼합활성슬러지 반응조 설계시 반응시간(h)을 구하시오.(1차 반응 기준)

- 유입수 COD : 950mg/L
- 유출수 COD : 120mg/L
- NBDCOD : 100mg/L
- MLSS농도 : 3,000mg/L
- 속도상수 : 0.55L/g·h(20℃ 기준)
- MLVSS : MLSS의 70%
- SS없음

해 $\theta = \dfrac{S_i - S_o}{S_o \cdot K \cdot X} = \dfrac{(850-20)mg \cdot L \cdot g \cdot h \cdot L \cdot 1,000mg}{L \cdot 20mg \cdot 0.55L \cdot 2,100mg \cdot g} = 35.93h$

S = COD-NBDCOD
S_i = 950-100 = 850mg/L
S_o = 120-100 = 20mg/L
X = 3,000·0.7 = 2,100mg/L

답 35.93h

008

다음 조건에서 Manning 공식을 이용해 사각 수로 경사(‰)를 구하시오. 유체는 일부만 차있고, 개수로식이다.

- 유량 : $28m^3/s$
- 수로 폭 : 3m
- 수로 수심 : 1m
- 조도계수 : 0.015

해 $V = \dfrac{1}{n} \cdot I^{\frac{1}{2}} \cdot R^{\frac{2}{3}} \rightarrow I^{\frac{1}{2}} = \dfrac{V \cdot n}{R^{\frac{2}{3}}}$

$\rightarrow I = (\dfrac{V \cdot n}{R^{\frac{2}{3}}})^2 = (\dfrac{9.333 \cdot 0.015}{0.6^{\frac{2}{3}}})^2 = 0.039 = 39‰$

$V = \dfrac{Q}{A} = \dfrac{28m^3}{s \cdot 3m \cdot 1m} = 9.333m/s$

$R = \dfrac{HW}{2H+W} = \dfrac{1 \cdot 3}{2 \cdot 1 + 3} = 0.6m$

n = 0.015

V : 유속(m/s) n : 조도계수 I : 경사 R : 경심(동수반경) H : 수심(m) W : 폭(m) ‰ : 천분율

답 39‰

009

비중3, 직경 0.02mm인 입자가 자연 침전시 침강속도 0.6m/h였다면 동일조건에서 비중1.1, 직경 0.05mm인 입자의 침강속도(m/h)를 구하시오. stoke법칙 따른다.

해 $V_g = \dfrac{gd_p^2(\rho_p - \rho)}{18\mu}$
단위 생략하면
$0.6 = \dfrac{g \cdot 0.02^2 \cdot (3-1)}{18\mu} \rightarrow \dfrac{g}{\mu} = \dfrac{0.6 \cdot 18}{0.02^2 \cdot 2} = 13,500 \rightarrow V_g = \dfrac{13,500 \cdot 0.05^2 \cdot 0.1}{18} = 0.19 m/h$

V_g : 침강속도 g : 중력가속도($=9.8m/s^2$) d_p : 입자직경 ρ_p : 입자밀도 ρ : 물 밀도 μ : 점도

답 0.19m/h

010

다음 조건에서 10℃일 때 막 면적(m^2)을 구하시오.

- 유량: $760 m^3/d$
- 유입, 유출수 압력차: $2,500\,kPa$
- $A_{10℃} = 1.58 A_{25℃}$
- 25℃ 물질전달계수: $0.2068 L/d \cdot m^2 \cdot kPa$
- 유입, 유출수 삼투압차: $300 kPa$

해 $A_{25℃} = \dfrac{Q}{K(P_1 - P_2)} = \dfrac{760 m^3 \cdot d \cdot m^2 \cdot kPa \cdot 1,000L}{d \cdot 0.2068L \cdot (2,500-300)kPa \cdot m^3} = 1,670.477 m^2$

$\rightarrow A_{10℃} = 1.58 A_{25℃} = 1.58 \cdot 1,670.477 = 2,639.35 m^2$

답 $2,639.35 m^2$

011

전처리 중 산분해법 종류 4가지와 각 사용기준을 쓰시오.

답
1. 질산법: 유기함량이 비교적 높지 않은 시료에 적용
2. 질산 – 황산법: 유기물 등을 많이 함유하고 있는 대부분의 시료에 적용
3. 질산 – 과염소산 – 불화수소산: 다량의 점토질 또는 규산염을 함유한 시료에 적용
4. 질산 – 과염소산법: 유기물을 다량 함유하고 있으면서 산분해가 어려운 시료에 적용

012

온도 40℃, 유량 $0.6m^3/\min$ 인 폐수에 침강성 오염물질 농도 300mg/L, 비침강성 오염물질 농도 150mg/L 포함되어 있다. 이 폐수를 부상조, 응집침전조를 거쳐 침강성 오염물질 농도 30mg/L, 비침강성 오염물질 농도 15mg/L로 줄이려 할 때 물음에 답하시오.(응집침전조는 침강성 오염물질만 제거, 부상조는 비침강성 오염물질만 제거한다.)

- A/S : 0.05
- $\dfrac{50mg\ 응집제}{g\ 오염물질양}$
- 슬러지(비중 : 1) 함수율 : 97%
- 게이지압 : 400kPa
- 공기포화분율 : 0.85
- 표면부하율 : $0.1m^3/m^2 \cdot \min$
- 공기용해도 : 19mL/L

1. 부상조 반송유량(L/min)
2. 반송유량 고려한 부상조 최소표면적(m^2)
3. 응집침전조에서의 이론적 슬러지량(L/min)

해 1.
$$Q_r = \frac{A/S \cdot S \cdot Q}{1.3Sa(fP-1)} = \frac{0.05 \cdot 150 \cdot 0.6}{1.3 \cdot 19 \cdot (0.85 \cdot 4.948 - 1)} = 0.05683 m^3/\min = 56.83 L/\min$$

$P →$ 전압 = 게이지압 + $1atm = \dfrac{400}{101.325}atm + 1atm = 4.948 atm$

2. $A = \dfrac{유량 + 반송유량}{표면부하량} = \dfrac{(0.6 + 0.05683)m^3 \cdot m^2 \cdot \min}{\min \cdot 0.1 m^3} = 6.57 m^2$

3. 슬러지량 $= \dfrac{(제거\ 고형물량 + 약품\ 첨가량)}{(1 - 함수율) \cdot 밀도} = \dfrac{(162 + 9)g \cdot L}{\min \cdot (1 - 0.97) \cdot 1,000g} = 5.7 L/\min$

제거 고형물량 $= \dfrac{(300 - 30)mg \cdot 0.6 m^3 \cdot g \cdot 10^3 L}{L \cdot \min \cdot 10^3 mg \cdot m^3} = 162 g/\min$

약품 첨가량 $= \dfrac{300 mg \cdot 0.6 m^3 \cdot 50 mg \cdot g \cdot 10^3 L \cdot g}{L \cdot \min \cdot g \cdot 10^3 mg \cdot m^3 \cdot 10^3 mg} = 9 g/\min$

비중은 단위가 없지만 밀도처럼 생각하자! 예) 비중1 = $1,000 g/L = 1 kg/m^3$

Q_r : 반송유량($m^3/\min$) Q : 유량($m^3/\min$) A/S : 기고비 S : 고형물농도(mg/L)
Sa : 용해도(mL/L) f : 포화분율(= 포화상수) P : 압력(atm)

답 1. 56.83L/min 2. $6.57m^2$ 3. 5.7L/min

013

산화제 $K_2Cr_2O_7$(중크롬산칼륨), $KMnO_4$(과망간산칼륨)의 환원 반응식을 쓰시오.

답 중크롬산칼륨: $K_2Cr_2O_7 \rightarrow 2K^+ + Cr_2O_7^{2-}$
$Cr_2O_7^{2-} + 14H^+ + 6e^- \rightarrow 2Cr^{3+} + 7H_2O$

과망간산칼륨: $KMnO_4 \rightarrow K^+ + MnO_4^-$
$MnO_4^- + 8H^+ + 5e^- \rightarrow Mn^{2+} + 4H_2O$

014

폐수 COD 제거를 위해 활성탄으로 흡착하려 한다. COD 50mg/L인 원수에 활성탄 20mg/L 주입 했더니 COD 20mg/L가 되었고, 활성탄 50mg/L 주입했더니 COD 5mg/L가 되었다. COD 10mg/L으로 하기 위한 활성탄 주입량(mg/L)을 구하시오. Freundlich 공식 이용한다.

해 $\dfrac{X}{M} = k \cdot C^{\frac{1}{n}} \rightarrow \dfrac{50-20}{20} = k \cdot 20^{\frac{1}{n}}, \dfrac{50-5}{50} = k \cdot 5^{\frac{1}{n}}$

$\rightarrow \dfrac{\frac{30}{20}}{\frac{45}{50}} = \dfrac{k \cdot 20^{\frac{1}{n}}}{k \cdot 5^{\frac{1}{n}}} \rightarrow \dfrac{30 \cdot 50}{20 \cdot 45} = \dfrac{k \cdot 4^{\frac{1}{n}} \cdot 5^{\frac{1}{n}}}{k \cdot 5^{\frac{1}{n}}} \rightarrow 1.667 = 4^{\frac{1}{n}} \rightarrow \log 1.667 = \dfrac{1}{n}\log 4$

$\rightarrow n = \dfrac{\log 4}{\log 1.667} = 2.713$

$k \rightarrow \dfrac{50-20}{20} = k \cdot 20^{\frac{1}{2.713}} \rightarrow k = \dfrac{1.5}{20^{\frac{1}{2.713}}} = 0.497$

$\rightarrow \dfrac{50-10}{M} = 0.497 \cdot 10^{\frac{1}{2.713}} \rightarrow M = \dfrac{40}{0.497 \cdot 10^{\frac{1}{2.713}}} = 34.44mg/L$

X: 흡착된 피흡착물 농도 M: 주입 흡착제 농도 K,n: 상수 C: 흡착되고 남은 피흡착물 농도

답 34.44mg/L

015

QUAL – Ⅱ 모델 13종 대상 수질인자 6가지 쓰시오.

답 DO/온도/BOD/대장균/유기인/유기질소

016

다음 조건에서 유출수의 BOD농도(mg/L)를 구하시오.

• 급수인구: 50,000명	• 급수 보급률: 50%	• 평균 급수량: 500L/인·d
• 하수량: 급수량·0.8	• COD 배출량: 50g/인·d	• COD 처리율: 90%
• 하수도 보급률: 50%	• BOD/COD: 0.7	

해 유출 BOD농도 = $\dfrac{\text{유출 } BOD\text{량}}{\text{발생 유량}}$ = $\dfrac{87,500g \cdot d \cdot 1,000mg \cdot m^3}{d \cdot 5,000m^3 \cdot g \cdot 1,000L}$ = 17.5mg/L

유출 BOD량 = COD배출량 · 급수인구 · 급수 보급률 · $(1 - COD\text{처리율})$ · BOD/COD

$= \dfrac{50g \cdot 50,000\text{인} \cdot 0.5 \cdot (1 - 0.9) \cdot 0.7}{\text{인} \cdot d}$

$= 87,500 g/d$

발생 유량 = 급수인구 · 평균 급수량 · 급수 보급률 · 하수량 · 하수도 보급률

$= \dfrac{50,000\text{인} \cdot 500L \cdot 0.5 \cdot 0.8 \cdot 0.5 \cdot m^3}{\text{인} \cdot d \cdot 1,000L}$

$= 5,000 m^3/d$

답 17.5mg/L

017

황화수소에 의한 관정부식 원인과 방지책 4가지 쓰시오.

답 원인: 관내가 혐기상태가 되면 하수 중 황산염이 환원되어 황화수소 발생되며 대기에 농축된 후 벽면의 결로로 인해 재용해가 되고, 호기성 상태로 유황산화세균에 의해 산화되어 황산이 생성되어 부식시킨다. 반응식은 $H_2S + 2O_2 \rightarrow H_2SO_4$ 이다.
방지책: 환기/염소 주입/산소 공급/퇴적물 제거

018

도수관로 기능 저하 요인 5가지 쓰시오.

답 관 부식/퇴적물 발생/스케일 생성/세굴현상 발생/수격작용 발생

MEMO

수질환경기사 2024년

05

필답형 기출문제

잠깐! 더 효율적인 공부를 위한 링크들을 적극 이용하세요~!

직8딴 홈페이지
- 출시한 책 확인 및 구매

직8딴 카카오오픈톡방
- 실시간 저자의 질문 답변
  (주7일 아침 11시~새벽 2시까지, 전화로도 함)
- 직8딴 구매자전용 복지와 혜택 획득
  (최소 달에 40만원씩 기프티콘 지급)
- 구매자들과의 소통 및 EHS 관련 정보 습득

직8딴 네이버카페
- 실시간으로 최신화되는 정오표 확인
  (정오표: 책 출시 이후 발견된 오타/오류를 모아놓은 표, 매우 중요)
- 공부에 도움되는 컬러버전 그림 및 사진 습득
- 직8딴 구매자전용 복지와 혜택 획득

직8딴 유튜브
- 저자 직접 강의 시청 가능
- 공부 팁 및 암기법 획득
- 국가기술자격증 관련 정보 획득

5 2024년 필답형 기출문제

1회 기출문제

001

유량 $5m^3/s$, DO농도 10mg/L인 하천에서 DO농도를 최소 5mg/L로 유지해야 자정능력이 있다 할 때 자연 정화에 이용되는 필요 산소량(kg/d)를 구하시오.

해 필요산소량 $= \dfrac{(10-5)mg \cdot 5m^3 \cdot kg \cdot (60 \cdot 60 \cdot 24)s \cdot 10^3 L}{L \cdot s \cdot 10^6 mg \cdot d \cdot m^3} = 2,160 kg/d$

답 2,160kg/d

002

다음 조건에서 침전지 소요직경(m)과 높이(m)를 구하시오.

- 인구수: 20,000인 · 유량: $0.45m^3/$인 $\cdot d$ · 체류시간: 3h · 표면부하율: $40m^3/m^2 \cdot d$

해 -소요직경

$A = \dfrac{Q}{V} = \dfrac{0.45m^3 \cdot 20,000\text{인} \cdot m^2 \cdot d}{\text{인} \cdot d \cdot 40m^3} = 225m^2 = \dfrac{\pi d^2}{4} \rightarrow d = \sqrt{\dfrac{4 \cdot 225}{\pi}} = 16.93m$

-높이

$V = Q \cdot t = \dfrac{0.45m^3 \cdot 20,000\text{인} \cdot 3h \cdot d}{\text{인} \cdot d \cdot 24h} = 1,125m^3 = \pi r^2 h \rightarrow h = \dfrac{1,125}{\pi \cdot (\frac{16.93}{2})^2} = 5m$

답 소요직경: $16.93m$ 높이: $5m$

003

다음 조건에서 접촉조 소요 길이(m)를 구하시오.

- 유입 유량: $1m^3/s$
- 접촉조 폭: 2m
- 접촉조 수심: 2m
- 살균률: 95%
- 살균반응속도상수(k): $0.1/min^2$ (자연대수 기준)
- 살균반응식: $\frac{dN}{dt} = -k \cdot N \cdot t$
- PFR으로 가정

해 $\frac{dN}{dt} = -k \cdot N \cdot t \rightarrow \int_0^t \frac{1}{N} dN = -k \cdot t \, dt \rightarrow \ln N_t - \ln N_0 = -\frac{kt^2}{2}$

$\rightarrow \ln(\frac{N_t}{N_0}) = -\frac{kt^2}{2} \rightarrow t = \sqrt{-\frac{2 \cdot \ln(\frac{N_t}{N_0})}{k}} = \sqrt{-\frac{2 \cdot \ln(\frac{5}{100}) \cdot min^2}{0.1}} = 7.74 min$

$V = Q \cdot t = \frac{1m^3 \cdot 7.74min \cdot 60s}{s \cdot min} = 464.4 m^3$

$464.4 m^3 =$ 폭(=2m)•수심(=2m)•길이 → 길이=116.1m

답 116.1m

004

다음 처리장 조건으로 물음에 답변하시오.

- 처리유량: $2,500 m^3/d$
- 체류시간: 6h
- 유입 BOD농도: 250mg/L
- 내생호흡계수(k_d): $0.05 d^{-1}$
- MLSS농도: 3,000mg/L
- 제거율: 90%
- 생성수율(Y, 세포생산계수): 0.8
- 완전혼합형 활성슬러지법

1. 세포체류시간(SRT)(d) 2. F/M비(d^{-1}) 3. 슬러지 생산량(kg/d)

해 1.

$$\frac{1}{SRT} = \frac{Y \cdot (C_i - C_o)}{t \cdot X} - k_d = \frac{0.8 \cdot (250 - 250 \cdot 0.1)mg \cdot L \cdot 24h}{L \cdot 6h \cdot 3,000mg \cdot d} - 0.05 d^{-1} = 0.19 d^{-1}$$

→ $SRT = \dfrac{1}{0.19} = 5.26 d$

2. $F/M = \dfrac{BOD \cdot Q}{V \cdot X} = \dfrac{BOD}{t \cdot X} = \dfrac{250mg \cdot L \cdot 24h}{L \cdot 6h \cdot 3,000mg \cdot d} = 0.33 d^{-1}$

3. 슬러지 생산량 $= Y \cdot (C_i - C_o) \cdot Q - k_d \cdot X \cdot V$

→ $\dfrac{0.8 \cdot (250 - 250 \cdot 0.1)mg \cdot 2,500m^3 \cdot 1,000L \cdot kg}{L \cdot d \cdot m^3 \cdot 10^6 mg} - \dfrac{0.05 \cdot 3,000mg \cdot 625m^3 \cdot 1,000L \cdot kg}{d \cdot L \cdot m^3 \cdot 10^6 mg}$

$= 356.25 kg/d$

$V = Q \cdot t = \dfrac{2,500m^3 \cdot 6h \cdot d}{d \cdot 24h} = 625 m^3$

SRT: 고형물체류시간 Y: 생성수율 X: MLSS농도 F/M: 유기물부하율

답 1. 5.26d 2. $0.33 d^{-1}$ 3. 356.25kg/d

005

1g의 박테리아가 하루에 폐수를 20g 분해하는 것으로 알려졌다. 실제 폐수농도가 15mg/L일 때 같은 양의 박테리아가 10g/d의 속도로 폐수를 분해한다면 폐수 농도: 5mg/L일 때, Michaelis – Menten식으로 3g의 박테리아에 의한 폐수 분해속도(g/d)를 구하시오.

해 $r = R_{max} \cdot \dfrac{S}{K_m + S} = 20g/g \cdot d \cdot \dfrac{5}{15+5} = 5g/g \cdot d$

→ $\dfrac{5g \cdot 3g}{g \cdot d} = 15g/d$

r : 세포질량당 시간당 소비기질량 R_{max} : 비증식속도최대치 S : 기질농도
K_m : 비증식속도최대치 반일때 기질농도

답 15g/d

006

다음 조건에서 Manning 공식을 이용해 손실수두(m)를 구하시오. (만관 기준이다.)

| • 수온: 16℃ • 직경: 0.5m • 유량: $1m^3/s$ • 원형 하수관 길이: 50m • 조도계수: 0.013 |

해 손실수두H=경사•길이=0.07•50m=3.5m

$V = \dfrac{1}{n} \cdot I^{\frac{1}{2}} \cdot R^{\frac{2}{3}}$ → $I = (\dfrac{nV}{R^{\frac{2}{3}}})^2 = (\dfrac{0.013 \cdot 5.093}{0.125^{\frac{2}{3}}})^2 = 0.07$

$V = \dfrac{Q}{A} = \dfrac{Q}{\frac{\pi}{4}D^2} = \dfrac{1m^3}{s \cdot \frac{\pi}{4} \cdot (0.5m)^2} = 5.093$m/s

$R = \dfrac{D}{4} = \dfrac{0.5}{4} = 0.125$m

V : 유속(m/s) n : 조도계수 I : 경사 R : 경심(동수반경) D : 직경(m)

답 3.5m

007

비중3, 직경 0.02mm인 입자가 자연 침전시 침강속도 0.6m/h였다면 동일조건에서 비중1.1, 직경 0.05mm인 입자의 침강속도(m/h)를 구하시오. stoke법칙 따른다.

해) $V_g = \dfrac{gd_p^2(\rho_p - \rho)}{18\mu}$

단위 생략하면

$0.6 = \dfrac{g \cdot 0.02^2 \cdot (3-1)}{18\mu} \rightarrow \dfrac{g}{\mu} = \dfrac{0.6 \cdot 18}{0.02^2 \cdot 2} = 13{,}500 \rightarrow V_g = \dfrac{13{,}500 \cdot 0.05^2 \cdot 0.1}{18} = 0.19\,m/h$

V_g : 침강속도 g : 중력가속도$(=9.8m/s^2)$ d_p : 입자직경 ρ_p : 입자밀도 ρ : 물 밀도 μ : 점도

답) 0.19m/h

008

슬러지 증식량 측정 목적으로 실험식을 획득했다. 다음 조건으로 폐수 처리시 발생 잉여슬러지량(kg/d)을 구하시오.(처리수 중 SS는 무시)

- 유량: 1,000m^3/d
- 포기조 용량: 250m^3
- 원수 BOD: 400mg/L
- MLSS농도: 6,000mg/L
- 처리수 BOD: 50mg/L
- 원수 SS농도: 150mg/L

실험식 △S=0.5Ir-0.085S+I

- △S: 슬러지 증식량(kg/d)
- S: 포기조내 MLSS량(kg)
- Ir: 제거BOD량(kg/d)
- I: 원폐수로부터 유입되는 SS량(kg/d)

해) $\triangle S = 0.5Ir - 0.085S + I = 0.5 \cdot 350 - 0.085 \cdot 1{,}500 + 150 = 197.5\,kg/d$

$Ir = \dfrac{(400-50)mg \cdot 1{,}000m^3 \cdot kg \cdot 10^3 L}{L \cdot d \cdot 10^6 mg \cdot m^3} = 350\,kg/d$

$S = \dfrac{6{,}000mg \cdot 250m^3 \cdot kg \cdot 10^3 L}{L \cdot 10^6 mg \cdot m^3} = 1{,}500\,kg$

$I = \dfrac{150mg \cdot 1{,}000m^3 \cdot kg \cdot 10^3 L}{L \cdot d \cdot 10^6 mg \cdot m^3} = 150\,kg/d$

답) 197.5kg/d

009

연수제로 사용되는 화학약품 3가지와 상태를 쓰시오.

답 소다회(고체)/소석회(고체)/수산화나트륨(고체)

010

소모BOD = Y, 잔류BOD = L, 최종BOD = L_0, 탈산소계수 = k 를 이용해 밑수를 10으로 하는 소모BOD 구하는 식을 유도하시오.(1차 반응)

답 $\dfrac{dL}{dt} = -kL \rightarrow \dfrac{1}{L}dL = -kdt \rightarrow \displaystyle\int_{L_0}^{L} \dfrac{1}{L}dL = -kdt \rightarrow \log L - \log L_0 = -kt \rightarrow \log \dfrac{L}{L_0} = -kt$

$\rightarrow \dfrac{L}{L_0} = 10^{-kt} \rightarrow L = L_0 \cdot 10^{-kt}$

$Y = L_0 - L = L_0 - L_0 \cdot 10^{-kt} = L_0(1 - 10^{-kt})$

011

시추공에서 $1,000 m^3/d$ 으로 양수하면서 1,000m 떨어진 관측정에서의 시간별 수두강하를 반대수지에 도시했더니 아래 그래프가 나왔다. 이때 대수층의 투수량계수(m^2/min)와 저류계수(유효숫자 3자리)를 Jacob식으로 구하시오.(단, $T = \dfrac{2.3Q}{4\pi \cdot \triangle S}$, $S = \dfrac{2.25 T \cdot t_0}{r^2}$ 이용)

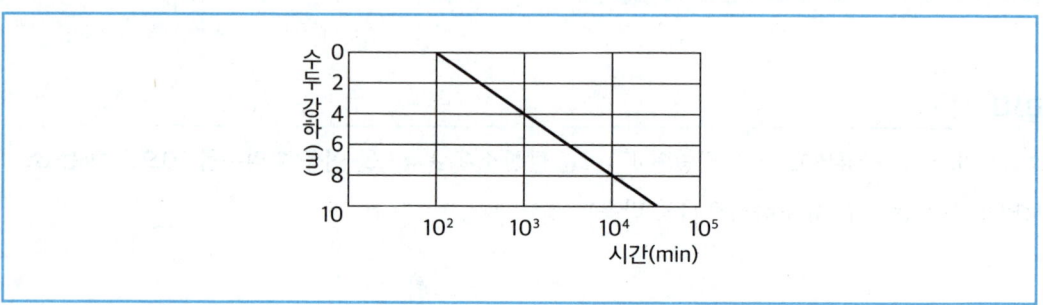

해 투수량계수 $T = \dfrac{2.3Q}{4\pi \cdot \triangle S} = \dfrac{2.3 \cdot 1,000 m^3 \cdot d}{d \cdot 4\pi \cdot 4m \cdot 24 \cdot 60 min} = 0.03 m^2/min$

$\triangle S$는 1log간격이니 시간축에서 100~1,000min나 1,000~10,000min 수두강하차를 본다.
→ 100~1,000min 수두강하차=4-0=4m, 1,000~10,000min 수두강하차=8-4=4m

저류계수 $S = \dfrac{2.25 T \cdot t_0}{r^2} = \dfrac{2.25 \cdot 0.03 m^2 \cdot 100 min}{min \cdot (1,000m)^2} = 6.75 \cdot 10^{-6}$

T : 투수량계수(m^2/min) Q : 유량(m^3/d) $\triangle S$: 1log주기동안의 수위강하(m) S : 저류계수
t_o : 수두강하0인 시간(min) r : 시추공과 관측정간 거리(m)

답 투수량계수 : $0.03 m^2/min$ 저류계수 : $6.75 \cdot 10^{-6}$

012

호소 부영양화 방지책 중 호소 내 대책 4가지 쓰시오.

답 심층폭기/차광막 설치/부착조류 제거/영양염류농도 높은 심층수 방류

013

환경영향평가 과정을 7단계로 나눌 때 순서를 쓰시오.

답 평가사업여부 결정 → 중점평가항목 선정 → 현황조사 → 예측 및 평가 → 저감방안 설정 → 사후관리

014

습식산화법의 장점 5가지 쓰시오.

📝 처리시간 적음/부지면적 적게 필요/에너지 요구량 적음/유기물 제거율 높음/독성오염물질 유출수 처리 가능

015

폐수에서 시료 채취시 주의사항 3가지 쓰시오.

📝 1. 시료 채취 용기는 깨끗이 세척된 용기 또는 멸균된 용기를 사용한다.
2. 시료는 목적시료 성질을 대표할 수 있는 위치에서 시료 채취 용기를 사용하여 채취한다.
3. 시료 채취시에 매질 등 분석결과에 영향을 미칠 수 있는 사항을 기재해 분석자가 참고할 수 있도록 한다.

016

여과저항에 따른 수두손실 영향을 주는 설계인자 5가지 쓰시오.

📝 여과 속도/여액 점도/여과층 두께/여과재 입자 직경/탁질에 대한 세척 정도

017

여과지에서 사용하는 여과재(여재) 3가지 쓰시오.

📝 모래/자갈/안트라사이트

018

활성탄 재생방법 종류 6가지 쓰시오.

📝 수세법/감압법/건식가열법/약품 재생법/생물학적 재생법/전기화학적 재생법

2회 기출문제

001

명암 병법 관련 조건이며 물음에 답하시오.

- 명병, 암병 초기 DO : 10mg/L
- 탈산소계수 : $0.2d^{-1}$
- 명암병 최종BOD : 12mg/L
- 3시간 후 명병 DO : 11mg/L
- 3시간 후 암병 DO : 9mg/L

1. 호흡률(mg/L·d) 2. 광합성률(mg/L·d)

해
1. 호흡률 = $\dfrac{\text{호흡에 의한 } DO\text{감소량}}{\text{체류시간}} = \dfrac{0.329mg}{L\cdot 3h}\cdot\dfrac{24h}{d} = 2.63mg/L\cdot d$

   호흡에 의한 DO감소량 = 암병 DO감소 − 유기물 분해 DO감소 = $1 - 0.671 = 0.329mg/L$
   암병 DO감소 = $10 - 9 = 1mg/L$
   유기물 분해 DO감소 = $BOD_t = BOD_u(1-10^{-kt}) = 12\cdot(1-10^{-\frac{0.2\cdot 3h\cdot d}{d\cdot 24h}}) = 0.671mg/L$

2. 광합성률 = $\dfrac{\text{광합성 산소량}}{\text{체류시간}} = \dfrac{2mg}{L\cdot 3h}\cdot\dfrac{24h}{d} = 16mg/L\cdot d$

   광합성 산소량 = 명병 DO증가 + 암병 DO감소 = $(11-10)+(10-9) = 2mg/L$
   명암 병법 : 수중의 일차 생산자인 조류의 광합성, 호흡 속도를 측정하기 위하여 명병과 암병을 사용하는 방법

- 명암 병법 : 수중의 일차 생산자인 조류의 광합성, 호흡 속도를 측정하기 위하여 명병과 암병을 사용하는 방법

답 1. 2.63mg/L·d 2. 16mg/L·d

002

유량 $100m^3/d$, 질산성질소 300mg/L인 폐수를 메탄올을 이용해 탈질하려 할 때 메탄올 소요량(L/d)을 구하시오. 메탄올 순도는 90%, 비중 0.8이며 COD = 5N이다.

해
$CH_3OH + 1.5O_2 \rightarrow CO_2 + H_2O$
  $32kg$: $1.5\cdot 32kg$
  X : Y

$Y = \dfrac{100m^3}{d}\cdot\dfrac{300mg}{L}\cdot\dfrac{5}{}\cdot\dfrac{10^3L}{m^3}\cdot\dfrac{kg}{10^6mg} = 150kg/d$

$X = \dfrac{32\cdot 150}{1.5\cdot 32} = 100kg/d \rightarrow \dfrac{100kg}{d}\cdot\dfrac{L}{0.8kg}\cdot\dfrac{1}{0.9} = 138.89L/d$

답 138.89L/d

003

측정시료 40mL에 포함된 염소이온을 황산은(Ag_2SO_4)을 이용해 $AgCl$ 형태로 침전 제거하고자 한다. 소모된 황산은 양이 50mg일 때 시료 중 염소이온 농도(mg/L)를 구하시오.

해
$$2Cl^- + Ag_2SO_4 \to 2AgCl + SO_4^{2-}$$
$2 \cdot 35.5g : 312g$
$\quad X \quad : 50mg$
$\to X = \dfrac{2 \cdot 35.5 \cdot 50}{312} = 11.378mg \to \dfrac{11.378mg \cdot 10^3 mL}{40mL \cdot L} = 284.45mg/L$

답 284.45mg/L

004

다음 조건에서 정상상태에서의 오염물질 농도(mg/L)를 구하시오.

• 저수지 용량: 50,000m³	• 평균 깊이: 5m
• 유입량: 6,000m³/d	• 유출량: 6,000m³/d
• 오염물질 분해계수(k): 0.3d⁻¹	• 공장에서의 오염부하량: 40kg/d
• 대기로부터의 오염부하량: 0.2g/m²·d	• 유입수 오염물질 농도: 5mg/L

해 오염유입량 = 오염유출량 + 반응총량 → $72,000g/d = 6,000X + 15,000X = 21,000Xm^3/d$
$\to X = \dfrac{72,000g \cdot d \cdot 10^3 mg \cdot m^3}{d \cdot 21,000m^3 \cdot g \cdot 10^3 L} = 3.43mg/L$
오염유입량 = 공장 + 대기 + 유입수 = 40,000 + 2,000 + 30,000 = 72,000g/d
공장 = 40,000g/d
대기 = $\dfrac{오염부하량 \cdot 용량}{깊이} = \dfrac{0.2g \cdot 50,000m^3}{m^2 \cdot d \cdot 5m} = 2,000g/d$
유입수 = $\dfrac{5mg \cdot 6,000m^3 \cdot g \cdot 10^3 L}{L \cdot d \cdot 10^3 mg \cdot m^3} = 30,000g/d$
오염유출량 = 유량 · 오염물질농도(= X) = $6,000Xm^3/d$
반응총량 = $kVC = \dfrac{0.3 \cdot 50,000m^3 \cdot X}{d} = 15,000Xm^3/d$
k : 분해계수 V : 용량 C : 오염물질 농도

답 3.43mg/L

005

pH5인 폐수 2,000m^3와 pH4인 폐수 1,000m^3이 합쳐질 때 pH를 구하시오.

해 pH= $\log(\frac{1}{[H^+]})=\log(\frac{1}{0.4 \cdot 10^{-4}})=4.4$

$[H^+] = \frac{10^{-5} \cdot 2,000 + 10^{-4} \cdot 1,000}{2,000+1,000} = 0.4 \cdot 10^{-4} M$

답 4.4

006

폐수 BOD 측정을 위해 검수에 식종희석수를 넣어 5배로 희석하여 20℃ 부란기에 넣어 5일간 배양했다. 희석검수의 처음 DO는 9mg/L, 5일 뒤 DO는 3.5mg/L였다. 사용된 식종희석액은 희석액 1L에 대해 생하수 1mL 비율로 가한 것이며 생하수를 별도로 30배 희석해 BOD 측정 결과 배양 전 DO 7mg/L, 배양 후 DO 4mg/L였다. 이 공장폐수 BOD(mg/L)를 구하시오.

해 $C_{mix} = \frac{C_1V_1 + C_2V_2}{V_1+V_2} \to 5.5 = \frac{0.09 \cdot 4 + C_2 \cdot 1}{4+1} \to 5.5 \cdot 5 - 0.09 \cdot 4 = C_2 = 27.14 mg/L$

$C_{mix} = 9 - 3.5 = 5.5 mg/L$
$C_1 = (D_1 - D_2)P = (7-4) \cdot 30 = 90 mg/L$

→ 희석액 1L에 생하수 1mL → 1,000배 희석 → $\frac{90}{1,000} mg/L = 0.09 mg/L$

5배? → 원시료 1L, 식종희석수 4L → $V_1 = 4L, V_2 = 1L$

답 27.14mg/L

007

완전혼합 반응기와 압출류형 반응기(PFR)에서 Alum 양을 90% 감소시키는데 걸리는 체류시간(분)을 구하시오. 1차반응이고, Alum 주입량 50mg/L, 속도상수k 100d^{-1}이다.

해 완전혼합($CFSTR$) → $t = \frac{C_i - C_o}{k \cdot C_o} = \frac{(50-5)mg \cdot d \cdot L \cdot (60 \cdot 24)min}{L \cdot 100 \cdot 5mg \cdot d} = 129.6 min$

압출류형(PFR) → $\ln\frac{C_o}{C_i} = -kt \to t = -\frac{\ln\frac{C_o}{C_i}}{k} = -\frac{\ln\frac{5}{50} \cdot d \cdot (60 \cdot 24)min}{100 \cdot d} = 33.16 min$

t: 체류시간 C_i: 유입농도 C_o: 유출농도 k: 속도상수

답 완전혼합 반응기: 129.6분 압출류형 반응기: 33.16분

008

완전혼합 활성슬러지 공정의 조건이 아래와 같을 때 다음을 구하시오.

- 포기조 유입유량: $0.3 m^3/s$
- 원폐수 BOD_5: 240mg/L
- 포기조 유입수 BOD_5 농도: 160mg/L
- 세포체류시간(SRT): 10d
- 유출수 BOD_5: 6mg/L
- MLVSS: 2,400mg/L
- VSS/TSS: 0.8
- Y: 0.5mg VSS/mg BOD_5
- 포기조 깊이: 5m
- k_d: $0.06 d^{-1}$
- $BOD_5/BOD_U = 0.7$

1. 포기조 부피(m^3) 2. 포기조 수리학적 체류시간(HRT, h) 3. 포기조 폭과 길이(폭 : 길이 = 1 : 2)

해

1. $\dfrac{1}{SRT} = \dfrac{Y \cdot (C_i - C_o) \cdot Q}{V \cdot X} - k_d \rightarrow (\dfrac{1}{SRT} + k_d) \cdot V = \dfrac{Y \cdot (C_i - C_o) \cdot Q}{X}$

   $\rightarrow V = \dfrac{Y \cdot (C_i - C_o) \cdot Q}{(\dfrac{1}{SRT} + k_d) \cdot X} = \dfrac{0.5 \cdot (160 - 6)mg \cdot 0.3 m^3 \cdot L \cdot d \cdot 3,600 \cdot 24 s}{L \cdot s \cdot (\dfrac{1}{10} + 0.06) \cdot 2,400 mg \cdot d}$

   $= 5,197.5 m^3$

2. $V = Q \cdot t \rightarrow t = \dfrac{V}{Q} = \dfrac{5,197.5 m^3 \cdot s \cdot h}{0.3 m^3 \cdot 60 \cdot 60 s} = 4.81 h$

3. $A = \dfrac{5,197.5 m^3}{5m} = 1,039.5 m^2$

   $\rightarrow 길이 = 2폭 \rightarrow 2폭 \cdot 폭 = 1,039.5$

   $\rightarrow 폭 = \sqrt{\dfrac{1,039.5}{2}} = 22.8m$, 길이 $= 2 \cdot 22.8 = 45.6m$

   SRT: 고형물체류시간 Y: 생성수율 X: MLSS농도

답 1. $5,197.5 m^3$ 2. 4.81h 3. 폭: 22.8m, 길이: 45.6m

009

다음 조건에서 폐수의 총 질소 부하량(kg/d)를 구하시오.

- TKN농도: 70mg/L
- 폐수량: $15,000m^3/d$
- 질산성 질소($NO_3^{-}N$)농도: 2mg/L
- 암모니아성 질소($NH_3^{-}N$)농도: 25mg/L
- 아질산성 질소($NO_2^{-}N$)농도: 3mg/L

해 총 질소 = $TKN + NO_2^{-}N + NO_3^{-}N$ = 70 + 3 + 2 = 75mg/L

$$\rightarrow \frac{75mg \cdot 15,000m^3 \cdot kg \cdot 1,000L}{L \cdot d \cdot 10^6 mg \cdot m^3} = 1,125 kg/d$$

TKN: 암모니아성 질소+유기성 질소

답 1,125kg/d

010

다음 조건에서 관의 길이를 구하시오.

- 유량: $0.03m^3/s$
- 마찰손실수두: 10m
- 내경: 10cm
- 마찰손실계수: 0.015

해 $h = \dfrac{f \cdot L \cdot V^2}{2 \cdot D \cdot g} \rightarrow L = \dfrac{2 \cdot D \cdot g \cdot h}{f \cdot V^2} = \dfrac{2 \cdot 0.1m \cdot 9.8m \cdot 10m \cdot s^2}{s^2 \cdot 0.015 \cdot (3.82m)^2} = 89.54m$

$V = \dfrac{Q}{A} = \dfrac{0.03m^3 \cdot 4}{s \cdot \pi \cdot (0.1m)^2} = 3.82m/s$

h: 마찰손실수두 f: 마찰계수 L: 길이 V: 유속 D: 직경 g: 중력가속도(= $9.8m/s^2$)

답 89.54m

011

Jar test의 기본적인 목적 4가지 쓰시오.

답 최적의 PH 선정/최적의 교반조건 선정/최적의 응집제 종류 선정/최적의 응집제 주입량 선정

012

다음 조건에서 반송률R(%)를 구하시오.

- 유량: $200m^3/d$
- 실험온도: 20℃
- 표면부하율: $8L/m^2 \cdot min$
- SS농도: 300mg/L
- 공기 포화분율: 0.6
- A/S비: 0.05mg air/mg solid
- 20℃의 공기 용해도: 18mL/L
- 운전압력: 5atm

해 $A/S = \dfrac{1.3 \cdot S_a \cdot (f \cdot P - 1) \cdot R}{SS}$

→ $R = \dfrac{A/S \cdot SS}{1.3 \cdot S_a \cdot (f \cdot P - 1)} = \dfrac{0.05 \cdot 300}{1.3 \cdot 18 \cdot (0.6 \cdot 5 - 1)} = 0.32 = 32\%$

A/S: 기고비 SS: 고형물농도(mg/L) S_a: 용해도(mL/L) f: 포화분율(= 포화상수)
P: 압력(atm)

답 32%

013

박테리아를 무게기준으로 분석한 결과 C: 53%, H: 6%, O: 29%, N: 12%일 때 최소 정수비를 C, H, O, N 순서로 나타내시오.

해 $C = \dfrac{53}{12} = 4.417$ $H = \dfrac{6}{1} = 6$ $O = \dfrac{29}{16} = 1.813$ $N = \dfrac{12}{14} = 0.857$

N을 1로 가정하면
$C = \dfrac{4.417}{0.857} = 5.15$ $H = \dfrac{6}{0.857} = 7$ $O = \dfrac{1.813}{0.857} = 2.12$ $N = \dfrac{0.857}{0.857} = 1$
→ $C : H : O : N = 5.15 : 7 : 2.12 : 1 → 5 : 7 : 2 : 1$

답 C : H : O : N = 5 : 7 : 2 : 1

014

수격작용 원인과 방지책 2가지씩 쓰시오.

답
- 원인: 밸브 급개폐/배관의 급격한 굴곡
- 방지책: 토출측 관로에 플라이 휠 설치/토출측 관로에 압력조절수조 설치/부압발생지점에 흡기밸브 설치

015

Sidestream법 적용한 공법 이름과 원리, 장점, 단점 1가지씩 쓰시오.

📄 – 공법 이름 : Phostrip 공법
　– 원리

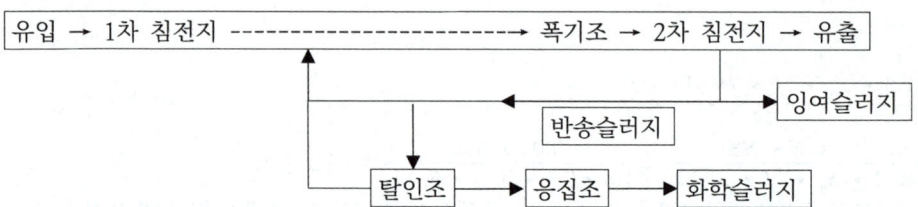

탈인조에서 인 방출하고, 폭기조에서 인 과잉흡수해 제거한다. 공정 운전성 좋고, 기존 활성슬러지 처리장에 쉽게 적용 가능하나 응집조에 석회주입 필요하고, 스트리핑을 위해 반응조가 필요하다.

016

부유식 생물막 공법과 비교해 부착식 생물막 공법 단점 3가지 쓰시오.

📄 악취 발생/온도에 민감/유기물 제거효율 낮음

017

표준 활성슬러지법과 비교해 막 분리 활성슬러지법(= MBR공법) 원리와 장점(= 특성) 4가지 쓰시오.

📄 원리 : 생물 반응조와 분리막 공정을 합친 것으로 N, P, SS, 유기물 제거에 효과적이다.
　장점 : 슬러지발생량 낮음/소요부지 적게 필요/고액분리 완벽히 가능/2차 침전지 침강성 관련 문제 없음

018

정수장 설계 시 약품주입을 고려한 침전공정과 여과공정 설계시 고려사항 3가지씩 쓰시오.

📄 침전공정 : 원수 탁도/유입유량/형성된 플록 침강속도
　여과공정 : 원수 탁도/적절 응집제 선정/병원성 미생물로 원수 오염 여부

3회 기출문제

001

다음 조건을 이용하여 물음에 답하시오.

항목	COD	용해성 COD	BOD_5	용해성 BOD_5	TSS	VSS	TS	최종 BOD
농도(mg/L)	4,500	1,800	1,500	1,000	1,750	1,450	3,000	$2BOD_5$

1. 탈산소계수k(d^{-1}, 상용대수 기준)
2. 2일 후 남아있는 BOD(mg/L)
3. 용해된 고형물질의 농도(mg/L)
4. NBDCOD
5. NBDVSS

해 1. $BOD_t = BOD_u(1-10^{-kt}) \rightarrow \dfrac{BOD_5}{BOD_u} = \dfrac{1}{2} = 1-10^{-5k} \rightarrow 0.5 = 10^{-5k} \rightarrow \log 0.5 = -5k$
$\rightarrow k = -\dfrac{\log 0.5}{5} = 0.06 d^{-1}$

2. $BOD_2 = BOD_5 \cdot 10^{-kt} = 1,500 \cdot 10^{-0.06 \cdot 2} = 1,137.87 mg/L$

3. TS=TDS+TSS → 300=TDS+1,750 → TDS=1,250mg/L

4. COD=BDCOD+NBDCOD → 4,500=3,000+NBDCOD → NBDCOD=1,500mg/L
   $BDCOD=BOD_u=2BOD_5=2 \cdot 1,500=3,000mg/L$

5. ICOD 중 NBDICOD 비율과 VSS 중 NBDVSS 비율은 같다.
   ICOD : NBDICOD = VSS : NBDVSS → 2,700 : 1,700 = 1,450 : NBDVSS
   $\rightarrow NBDVSS = \dfrac{1,700 \cdot 1,450}{2,700} = 912.96 mg/L$
   ICOD → COD=SCOD+ICOD → 4,500=1,800+ICOD → ICOD=2,700mg/L
   NBDICOD → ICOD=BDICOD+NBDICOD → 2,700=1,000+NBDICOD
      → NBDICOD=1,700mg/L
      $BDICOD=IBOD_u=2 \cdot IBOD_5=2 \cdot 500=1,000mg/L$
         IBOD → BOD=SBOD+IBOD → 1,500=1,000+IBOD → IBOD=500mg/L
   VSS=1,450mg/L

TS: 총고형물 TSS: 총부유고형물   TDS: 총용존고형물   COD: 화학적 산소요구량
SCOD: 용해성 화학적 산소요구량   SBOD: 용해성 생화학적 산소요구량
ICOD: 불용성 화학적 산소요구량   BDCOD: 생분해성 유기물에 의한 COD(=BOD_U)
BDICOD: 생분해성 유기물에 의한 불용성 화학적 산소요구량
NBDCOD: 난분해성 유기물에 의한 COD
NBDICOD: 난분해성 유기물에 의한 불용성 화학적 산소요구량
NBDVSS: 난분해성 유기물에 의한 휘발성 부유고형물   VSS: 휘발성 부유고형물

답 1. $0.06 d^{-1}$ 2. 1,137.87mg/L   3. 1,250mg/L   4. 1,500mg/L   5. 912.96mg/L

002

카드뮴 함유 산성폐수에 알칼리를 가해 pH를 올리면 수산화카드뮴($Cd(OH)_2$, 용해도곱(평형상수) $4 \cdot 10^{-14}$의 침전물이 형성된다. pH10일 때 침전처리 후 Cd(원자량 112.4) 잔류이론량($\mu g/L$)을 구하시오. 단, 재용해나 착염 영향은 없다.

해
$Cd(OH)_2 \rightarrow Cd^{2+} + 2OH^-$

$k_{sp} = [Cd^{2+}][OH^-]^2 \rightarrow [Cd^{2+}] = \dfrac{k_{sp}}{[OH^-]^2} = \dfrac{4 \cdot 10^{-14}}{(10^{-4})^2} = 0.4 \cdot 10^{-5} M$

$\rightarrow \dfrac{0.4 \cdot 10^{-5} mol \cdot 112.4g \cdot 10^6 \mu g}{L \cdot mol \cdot g} = 449.6 \mu g/L$

$M(몰농도) = mol/L$

답 449.6 $\mu g/L$

003

폐수 BOD 측정을 위해 검수에 식종희석수를 넣어 5배로 희석하여 20℃ 부란기에 넣어 5일간 배양했다. 희석검수의 처음 DO는 9mg/L, 5일 뒤 DO는 3.5mg/L였다. 사용된 식종희석액은 희석액 1L에 대해 생하수 1mL 비율로 가한 것이며 생하수를 별도로 30배 희석해 BOD 측정 결과 배양 전 DO 7mg/L, 배양 후 DO 4mg/L였다. 이 공장폐수 BOD(mg/L)를 구하시오.

해
$C_{mix} = \dfrac{C_1 V_1 + C_2 V_2}{V_1 + V_2} \rightarrow 5.5 = \dfrac{0.09 \cdot 4 + C_2 \cdot 1}{4 + 1} \rightarrow 5.5 \cdot 5 - 0.09 \cdot 4 = C_2 = 27.14 mg/L$

$C_{mix} = 9 - 3.5 = 5.5 mg/L$
$C_1 = (D_1 - D_2)P = (7-4) \cdot 30 = 90 mg/L$

$\rightarrow$ 희석액 1L에 생하수 1mL → 1,000배 희석 → $\dfrac{90}{1,000} mg/L = 0.09 mg/L$

5배? → 원시료 1L, 식종희석수 4L → $V_1 = 4L, V_2 = 1L$

답 27.14mg/L

004

다음 조건으로 탈산소계수 k(d^{-1})를 구하시오.(상용대수 기준이며 1차 반응이다.)

| 하천 |
| A -- B |
| A지점 BOD : 6mg/L | AB지점간 거리 : 500m | 유속 : 10m/min | B지점 BOD : 5.5mg/L |

해 $\log\dfrac{C_t}{C_o} = -kt \rightarrow k = -\dfrac{\log\dfrac{C_t}{C_o}}{t} = -\dfrac{\log\dfrac{5.5}{6}}{0.035d} = 1.08d^{-1}$

$t = \dfrac{500m \cdot min \cdot d}{10m \cdot (60 \cdot 24)\min} = 0.035d$

답 $1.08d^{-1}$

005

다음 조건에서 36시간 흐른 뒤 하류에서의 DO농도(mg/L)를 구하시오.(단, 상용대수 기준)

- 포화 용존산소농도 : 10mg/L
- DO농도 : 5mg/L
- 탈산소계수 : $0.1d^{-1}$
- 재포기계수 : $0.2d^{-1}$
- BOD_U : 10mg/L

해 $D_t = \dfrac{k_1}{k_2 - k_1} L_0 (10^{-k_1 t} - 10^{-k_2 t}) + D_0 \cdot 10^{-k_2 t}$

$= \dfrac{0.1}{0.2 - 0.1} \cdot 10(10^{-0.1 \cdot 1.5} - 10^{-0.2 \cdot 1.5}) + 5 \cdot 10^{-0.2 \cdot 1.5} = 4.574$ mg/L

$t = \dfrac{36h \cdot d}{24h} = 1.5d$

$D_0 = 10 - 5 = 5$ mg/L

4.574는 부족농도이니 10 - 4.574 = 5.43 mg/L

D_t : t시간 후 용존산소 부족농도 D_c : 임계부족농도 D_o : 초기부족농도

t_c : 임계시간 L_o : 최초 BOD_u k_1 : 탈산소계수 k_2 : 재폭기계수 f : 자정계수($=\dfrac{k_2}{k_1}$)

답 5.43mg/L

006

다음 조건에서 합리식 이용해 하수관에서 흘러나오는 우수량(m^3/s)을 구하시오.

- 유출계수: 0.7
- 강우강도(I): $\dfrac{3,600}{t(\min)+30}$ mm/hr
- 유입시간: 5분
- 유역면적: $2km^2$
- 하수관 내 유속: 40m/min
- 하수관 길이: 1km

해 $Q = \dfrac{CIA}{360} = \dfrac{0.7 \cdot 60 \cdot 200}{360} = 23.33 m^3/s$

C=0.7

$I = \dfrac{3,600}{t+30} = \dfrac{3,600}{30+30} = 60$ mm/hr

$t = $ 유입시간 $+ \dfrac{하수관\ 길이}{유속} = 5\min + \dfrac{1,000m \cdot \min}{40m} = 30\min$

$A = \dfrac{2km^2 \cdot 100ha}{km^2} = 200$ha

Q: 우수량(m^3/s) C: 유출계수 I: 강우강도(mm/h) A: 배수면적(ha) $1km^2 = 100ha$

답 $23.33 m^3/s$

007

$D_{10} = 0.053$, $D_{30} = 0.1$, $D_{60} = 0.42$일 때, 유효경(mm)와 균등계수를 소수 셋째자리까지 구하시오.

해 유효경 $= D_{10} = 0.053$mm   균등계수 $= \dfrac{D_{60}}{D_{10}} = \dfrac{0.42}{0.053} = 7.925$

답 유효경: 0.053mm 균등계수: 7.925

008

등비증가법에 따라 도시인구가 10년간 3.3배 증가했을 때 연평균 인구 증가율(%)을 구하시오.

해 $P_n = P(1+r)^n \rightarrow \dfrac{P_n}{P} = (1+r)^n$

$\dfrac{P_{10}}{P} = (1+r)^{10} = 3.3 \rightarrow 10 \cdot \log(1+r) = \log(3.3) \rightarrow 1+r = 10^{\frac{\log(3.3)}{10}} \rightarrow r = 0.1268 = 12.68\%$

답 12.68%

009

다음 조건을 이용해 물음에 답하시오.

- 평균급수량: 500L/인·d
- 계획인구: 10^5인
- 급수보급률: 90%
- 1일 최대급수량 = 1.5 · 1일평균급수량

1. 1일 평균급수량(m^3/d)
2. 1일 최대급수량(m^3/d)
3. 시간최대급수량(m^3/d)(중소형 도시 경우 변동계수는 1일 최대급수량의 2배)
4. 위 값들로 정수장 설계시 용량(m^3/d)

해 1. $\dfrac{500L \cdot 10^5\text{인} \cdot 0.9 \cdot m^3}{\text{인} \cdot d \cdot 10^3 L} = 45{,}000\,m^3/d$

2. 1일 최대급수량 = 1.5 · 1일평균급수량 = 1.5 · 45,000 = $67{,}500\,m^3/d$

3. 2 · 67,500 = $135{,}000\,m^3/d$

4. 정수장 설계시 용량 = 1일 최대급수량 = $67{,}500\,m^3/d$

답 1. $45{,}000\,m^3/d$ 2. $67{,}500\,m^3/d$ 3. $135{,}000\,m^3/d$ 4. $67{,}500\,m^3/d$

010

바닥은 수평한 불투수층이고 지하수는 측벽에서만 유입된다. 또한 원지하 수심은 5m, 집수매거 수심은 1m, 집수 매거 길이 200m, 영향반경은 150m, 투수계수 0.01m/s일 때 취수량(m^3/d)을 구하시오.

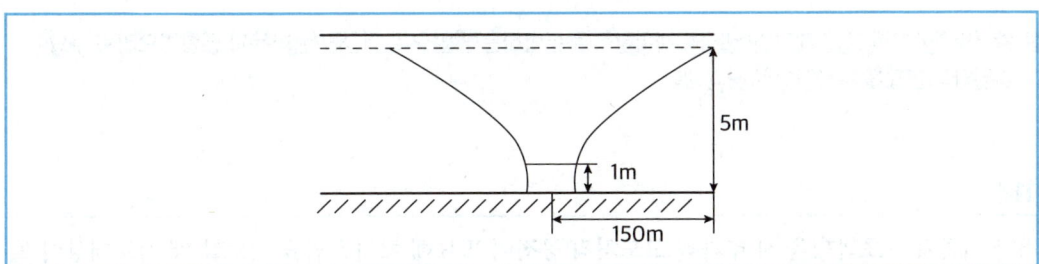

해 $Q = \dfrac{KL(H^2 - h^2)}{R} = \dfrac{0.01m \cdot 200m \cdot (5^2 - 1^2)m^2 \cdot (60 \cdot 60 \cdot 24)s}{s \cdot 150m \cdot d} = 27{,}648\,m^3/d$

Q: 취수량 K: 투수계수 L: 길이 H: 원지하수심 h: 집수 매거 수심 R: 영향반경

답 $27{,}648\,m^3/d$

011

고형물 농도: 30,000mg/L 슬러지를 농축시키기 위한 농축조를 설계하기 위해 다음과 같은 결과가 나왔다. 농축 슬러지의 고형물 농도가 50,000mg/L가 되기 위해 소요되는 농축시간(h)을 구하시오.(단, 상등수 고형물농도: 0이며 농축 전후의 슬러지 비중: 1)

농축시간(h)	0	2	4	6	8	10	12	14
계면높이(cm)	100	60	40	30	25	24	22	20

해 $h_t = h_o \cdot \dfrac{C_o}{C_t} = 100 \cdot \dfrac{30,000}{50,000} = 60cm$ → 계면높이가 60cm이므로 농축시간은 2시간이다.

답 2시간

012

수격작용 원인과 방지책 2가지씩 쓰시오.

답 – 원인: 밸브 급개폐/배관의 급격한 굴곡
  – 방지책: 토출측 관로에 플라이 휠 설치/토출측 관로에 압력조절수조 설치/부압발생지점에 흡기밸브 설치

013

종합환경영향평가 중 상호작용 모형식 방법을 설명하시오.

답 환경인자에 영향주는 체크리스트 외 계획활동을 통합하는 방법으로 영향받는 항목과 영향일으키는 주요 행위와의 관계를 시각적으로 나타낸다.

014

SS가 기준치를 초과했을 시 추가적 고도처리 공정이 필요해 처리공법을 검토할 때 검토대상이 될 수 있는 공법 종류 4가지 쓰시오.

답 여과/MBR/부상분리/응집침전

015

침전의 형태 4가지를 설명하시오.(적용장소 포함)

답

형태	개요	적용 장소
Ⅰ형 침전 (독립, 자유침전)	부유물 농도가 낮은 상태에서 응결하지 않는 독립입자의 침전	침사지
Ⅱ형 침전 (응집침전)	입자가 침전하면서 응집하여 입자 크기가 커지는 침전	약품침전지
Ⅲ형 침전 (지역, 간섭침전)	입자 농도가 중간 정도인 경우의 침전으로 입자들이 서로 가까이 있어 입자간 힘이 이웃입자의 침전을 방해함	생물학적 2차 침전지
Ⅳ형 침전 (압밀, 압축침전)	고농도 입자들의 침전로 입자들이 서로 접촉하며 침전은 단지 밀집된 덩어리의 압축에 의해서만 발생	농축조 하부

016

빈칸을 채우시오.

> 폐수 내 질소화합물은 (A) 질소화합물과 (B) 질소화합물로 구분할 수 있으며 (B) 질소화합물은 (C), (D), (E)으로 구성되어 있다. 호기성 폐수처리장 체류시간이 충분할 경우 질소화합물은 (E)으로 완전 산화되어 존재할 가능성이 있다.

답 A: 유기 B: 무기 C: 암모니아 D: 아질산이온 E: 질산이온

017

화학적 산소요구량 측정 계산식과 구성항목을 쓰시오.

답 $COD(mg/L) = (b-a) \cdot f \cdot \dfrac{1,000}{V} \cdot 0.2$

a: 바탕시험 적정에 소비된 과망간산칼륨용액(0.005M) 양(mL)
b: 시료 적정에 소비된 과망간산칼륨용액(0.005M) 양(mL)
f: 과망간산칼륨용액(0.005M) 농도계수(factor)
V: 시료 양(mL)

018

Vollenweider 모델식을 미분 방정식으로 표현하시오.

답 $V\dfrac{dC}{dt} = J - CQ - \sigma CV$

V : 체적(m^3) C : 영양물질농도(mg/L) t : 경과시간(yr) J : 유입 영양물질 총부하량(kg/d)
Q : 유입유량(m^3/yr) σ : 침전율계수(yr^{-1})

수질환경기사

06

미출시 필답형 문제
(신출대비)

잠깐! 더 효율적인 공부를 위한 링크들을 적극 이용하세요~!

직8딴 홈페이지
- 출시한 책 확인 및 구매

직8딴 카카오오픈톡방
- 실시간 저자의 질문 답변
  (주7일 아침 11시~새벽 2시까지, 전화로도 함)
- 직8딴 구매자전용 복지와 혜택 획득
  (최소 달에 40만원씩 기프티콘 지급)
- 구매자들과의 소통 및 EHS 관련 정보 습득

직8딴 네이버카페
- 실시간으로 최신화되는 정오표 확인
  (정오표: 책 출시 이후 발견된 오타/오류를 모아놓은 표, 매우 중요)
- 공부에 도움되는 컬러버전 그림 및 사진 습득
- 직8딴 구매자전용 복지와 혜택 획득

직8딴 유튜브
- 저자 직접 강의 시청 가능
- 공부 팁 및 암기법 획득
- 국가기술자격증 관련 정보 획득

6 미출시 필답형 문제
신출 대비

001

슬러지 배출설비 설계원칙 3가지 쓰시오.

📋 슬러지 배출 원활할 것/고농도로 소량슬러지 배출할 것/슬러지 양에 맞는 배출능력 가질 것

002

다음 조건으로 99.5%의 대장균을 제거하는 데 필요한 성숙조 부피(m^3)를 구하시오.

- 유량: 200m^3/d
- 분해상수 k: 2d^{-1}
- 대장균 함량: 10^6/100mL
- 분해반응식: $\dfrac{N_t}{N_o} = \dfrac{1}{(1+kt)^{1.7}}$

해 $V = Qt = \dfrac{200m^3 \cdot 11.252d}{d} = 2,250.4m^3$

$\dfrac{N_t}{N_o} = \dfrac{1}{(1+kt)^{1.7}} \rightarrow \dfrac{0.5}{100} = \dfrac{1}{(1+2t)^{1.7}} \rightarrow (1+2t)^{1.7} = \dfrac{1}{\frac{0.5}{100}} \rightarrow 1 + 3.249t^{1.7} = 200$

$\rightarrow t^{1.7} = \dfrac{200-1}{3.249} = 61.25 \rightarrow t = (61.25)^{\frac{1}{1.7}} = 11.252d$

답 2,250.4m^3

003

송수관로에서 유속 및 손실수두 결정에 사용 가능한 공식 3가지 쓰시오.

답 Chezy 공식: $V = C\sqrt{RI}$

Manning 공식: $V = \dfrac{1}{n}R^{\frac{2}{3}}I^{\frac{1}{2}}$

Hazen – williams 공식: $V = 0.84935 CR^{0.63}I^{0.54}$

V: 유속 C: 유속계수 R: 경심 I: 구배(기울기) n: 조도계수

004

토양시료에 Ca^{2+} 100mg/L, Mg^{2+} 50mg/L, SAR 10일 때 Na^+ 농도(mg/L)를 구하시오.

🔷 $SAR(meq/L) = \dfrac{Na^+}{\sqrt{\dfrac{Ca^{2+} + Mg^{2+}}{2}}} \rightarrow Na^+ = SAR \cdot \sqrt{\dfrac{Ca^{2+} + Mg^{2+}}{2}} = 10 \cdot \sqrt{\dfrac{5 + 4.167}{2}}$

$\rightarrow 21.409 meq/L \rightarrow \dfrac{21.409 meq \cdot 23mg}{L \cdot 1meq} = 492.41 mg/L$

$Ca^{2+} = \dfrac{100mg \cdot 2meq}{L \cdot 40mg} = 5meq/L$

$Mg^{2+} = \dfrac{50mg \cdot 2meq}{L \cdot 24mg} = 4.167 meq/L$

📘 492.41mg/L

005

다음 조건으로 기포의 산소 이전 계수(m/s)를 구하시오.

- $K_L = 2\sqrt{\dfrac{D}{\pi t_c}}$ K_L: 산소이전계수 D: 확산계수 t_c: 기포노출시간
- 확산계수: $2 \cdot 10^{-9} m^2/s$ • 기포 직경: 5mm • 상승속도: 0.1m/s • 온도: 20℃

🔷 $K_L = 2\sqrt{\dfrac{D}{\pi t_c}} = 2\sqrt{\dfrac{2 \cdot 10^{-9} m^2}{s \cdot \pi \cdot 0.05s}} = 2.26 \cdot 10^{-4} m/s$

$t_c = \dfrac{직경}{상승속도} = \dfrac{5mm \cdot s \cdot m}{0.1m \cdot 10^3 mm} = 0.05s$

📘 $2.26 \cdot 10^{-4}$ m/s

006

수질보호를 위해 침전된 오니를 준설하여 얻는 장점 2가지 쓰시오.

📘 부영양화 방지/용존산소(DO) 풍부한 환경 조성

007

폐수 중화를 위해 NaOH로 적정하였다. 유량 2L/s인 폐수를 pH7로 조정하기 위해 필요한 NaOH양 (kg/d)을 구하시오.

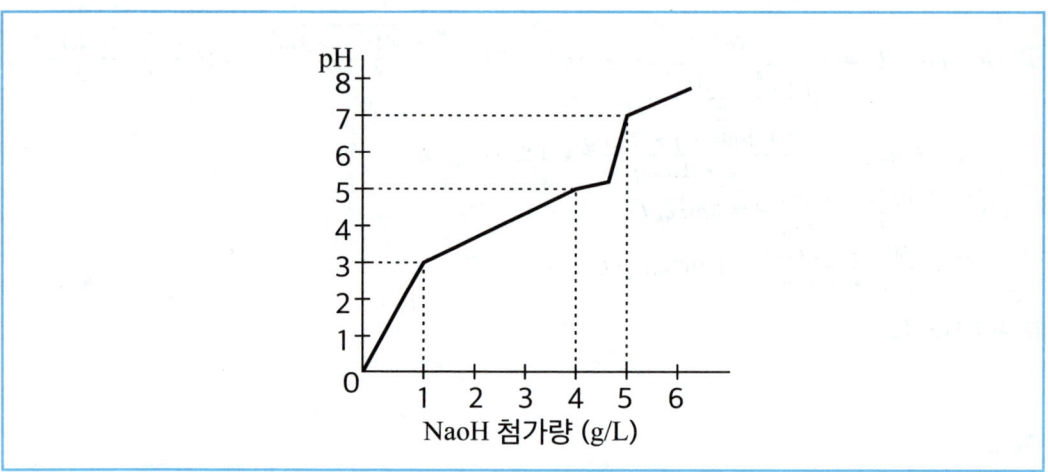

해 pH7에서의 NaOH 첨가량은 5g/L이다. → $\dfrac{5g \cdot 2L \cdot kg \cdot (60 \cdot 60 \cdot 24)s}{L \cdot s \cdot 10^3 g \cdot d} = 864 kg/d$

답 864kg/d

008

수심 5m 수조에 지름 10cm의 사이폰이 있다. 유출구 A에서 사이폰 정점 B까지 길이가 6m일 때 사이폰에 흐르는 유량(m³/s)을 구하시오.

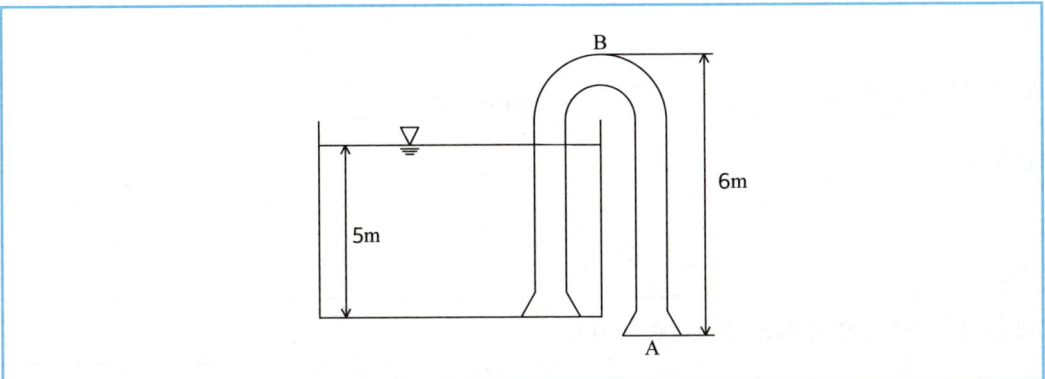

해 $Q = VA = \dfrac{9.899m \cdot \pi \cdot (0.1m)^2}{s \cdot 4} = 0.08 m^3/s$

$V = \sqrt{2gh} = \sqrt{\dfrac{2 \cdot 9.8m \cdot 5m}{s^2}} = 9.899 m/s$

답 0.08m³/s

009

대장균군이 수질오염 지표로 많이 사용되는 이유 3가지 쓰시오.

답 검출이 쉽고, 신속함/분변성 오염의 지표/대장균이 기준치 이상이면 병원균도 존재 가능성이 높음

010

전기료 80원/kWh, 10HP 펌프를 하루 10시간씩 주 5일 가동시킬 때 연간 전기요금(백만원)을 구하시오.

해 $\dfrac{10HP \cdot 746W \cdot kW \cdot 10h \cdot 5d \cdot 52주 \cdot 80원}{HP \cdot 10^3 W \cdot d \cdot 주 \cdot yr \cdot kWh} = 1,551,680원 = 1.55 백만원$

$1HP = 746W$

답 1.55백만원

011

폐수에 응집교반실험(jar test)한 결과 시료 500mL에 대해 0.12%의 알럼용액 20mL 첨가할 때 가장 최적의 결과를 얻었을 때 황산알루미늄의 최적 주입 농도(mg/L)를 구하시오.

해 $\dfrac{1{,}200mg \cdot 20mL}{L \cdot 500mL} = 48mg/L \qquad 1\% = 10^4 mg/L$

답 48mg/L

012

다음 각 산소요구량이 작은 순서대로 쓰시오.

| • BOD_u | • ThOD | • TOD | • BOD_5 | • COD | • TOC | • ThOC |

해 TOC: 총 유기탄소량   ThOC: 이론적 유기탄소량   TOD: 총 산소요구량   ThOD: 이론적 산소요구량

답 TOC < ThOC < BOD_5 < BOD_u < COD < TOD < ThOD

013

온도가 50℃인 폐수가 60m³/min 유량으로 하천에 방류된다. 하천 유량은 3m³/s이고, 온도는 20℃일 때 혼합 온도(℉)를 구하시오.

해 $℉ = 1.8℃ + 32 = 1.8 \cdot 27.5 + 32 = 81.5℉$

$t_{혼} = \dfrac{Q_{폐}t_{폐} + Q_{하}t_{하}}{Q_{폐} + Q_{하}} = \dfrac{60 \cdot 50 + 180 \cdot 20}{60 + 180} = 27.5℃$

$Q_{하} = \dfrac{3m^3 \cdot 60s}{s \cdot min} = 180 m^3/min$

답 81.5℉

014

A²/O공법에서 호기조 슬러지 내 인 함량이 일반 활성슬러지 공법의 인 함량보다 많은 이유를 쓰시오.

답 혐기조에서 방출된 용해성 인이 호기조에서 과잉 흡수되고 침전지에 가라앉기 때문이다.

015

수질관리 모델링에서 보정을 설명하시오.

답 예측치가 실측치를 제대로 반영할 수 있도록 각종 변수 값을 조정하는 과정이며 보통 예측치와 실측치의 차가 10~20%를 넘지 않도록 보정한다.

016

물 속 유해물질 농도 0.05mg/L이고, A생물 체내 유해물질 농도가 0.3g/kg일 때 농축계수를 구하시오.

해 농축계수 = $\dfrac{\text{생물 체내 유해물질 농도}(mg/kg)}{\text{물 속 유해물질 농도}(mg/L)} = \dfrac{300}{0.05} = 6{,}000$

답 6,000

017

총대장균군 막여과법 절차 결과 생성 집락 수가 60개이며 여과 시료량이 200mL일 때 총대장균군 수를 구하시오.

해 $\dfrac{\text{총대장균군 수}}{100mL} = \dfrac{\text{생성 집락 수}}{\text{여과 시료량}(mL)} \cdot 100 = \dfrac{60}{200} \cdot 100 = 30/100mL$
(총대장균군수/100mL로 표시해야 됨)

답 30/100mL

018

폭기조 수면에 갈색 거품이 형성되었다면 그 원인과 방지책 각 2가지씩 쓰시오.

답 원인 : SRT(미생물체류시간)이 김/ F/M비가 낮음
　방지책 : SRT(미생물체류시간)이 줄임/ F/M비가 높임/소포제 투입

2025 [직8딴]
직접 8일 만에 딴 수질환경기사 실기

발행일 2025년 6월 1일(1쇄)
발행처 인성재단(지식오름)
발행인 조순자
편저자 김진태(EHS MASTER)
  이메일 : ehs_master@naver.com
  인스타 : @ehs_master(저자 소식 확인)
  홈페이지 : www.ehs-master.com(회사/저자/책 정보, 책 구매)
  카페 : cafe.naver.com/ehsmaster(정오표 확인)
  유튜브 : '도비전문가' 검색

ⓒ 2025 [직8딴] 직접 8일 만에 딴 수질환경기사 실기
본 책은 저작자의 지적 재산으로서 무단 전재와 복제를 금합니다.

정가 31,000원   **ISBN** 979-11-94539-77-3